Rich致富350

扛住就是本事

未來，懂得「扛事」才能不斷突破，跟上世界腳步，在不穩定中安身命

馮侖◎著

高寶書版集團

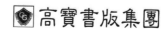

序言

要有看世界的智慧

在過去的一兩年裡，我參加了很多有趣的活動，經歷了一些新的事，遇到了一些有趣的人，看到了不同的風景，品嘗了跟過去不同的人生滋味。從這些經歷中，我得到了一些小小的體悟、回味，我想把這些見聞和思考分享給大家，希望能夠幫助到一些還在創業的朋友，或者正在遭受小小的挫折，感覺到困惑，需要交流的朋友們。

為什麼選擇在這個時候來做這件事呢？因為二〇一九年我整整六十歲了。

古人說，三十而立，四十而不惑，五十而知天命，六十而耳順。到了這個年齡，對很多事的期待就不同了，人生目標也會有所不同。觀山觀景、聽風聽雨，都有一些新體驗，特別是對商業的認知。所以我想在這個階段，以一個朋友的身分跟大家聊聊這六十年的人生經歷、三十年的商業觀察。

在過去六十年的經歷當中，我除了堅持去做好企業，還嘗試著去做了一些其他的事，了解了很多新的領域，讀了很多不同的書，走了不少國內外的地方，也遇到過一些奇人異事。**在這個過程中，我看東西的角度越來越多元，體驗也越來越多樣，也發現很多人是透過他們的事蹟、故事、言行來啟示我們人生和商業發展的邏輯**。在這個過程中，我也得到了一些力量，同時發現了自己的未來。

比如說有一段時間中國蘇南有很多鄉鎮企業，非常熱門，做得很好，後來這個群體似乎突然就不見了。其實在過去我見過很多類似的情況，有些企業做得很大，卻突然倒閉，有些人的命運在短時間內發生了逆轉，從天上到地下。有時候我會很好奇這是為什麼，最終我發現他們都有一個缺憾——**在行進當中缺少一些自我學習和自我反省的能力，這恐怕是導致他們走彎路的一個原因**。

後來我就想，如何才能提升這種能力呢？我覺得最重要的是在三個方面要用心。

一是讀書。透過讀書去獲得新知，透過讀書去自我檢討，達到自我校正、自我進步的目的。

二是行走。增長見聞。到處行走，去走別人沒有走過的路，經歷別人沒有經歷過的風暴、大雪、嚴寒、酷暑。然後去冒一些別人不能冒的風險，去別人不能到達的地方，來增加生命的寬度，啟發自己對這個世界全面地思考。

除了讀書、行走以外，我認為**第三個重要的方面就是與人談**。過去人常說「行萬里路，不如與名人談」，就是說你跟什麼人聊天很重要。所以在過去這麼多年裡，我喜歡跟人聊天，他們當中有偉大的人，也有落魄的人，甚至有被大眾稱之為混蛋的人。

跟不同的人聊天，你會獲得看待世界的不同視角和智慧。舉個例子，我以前聽過一首歌，鄭智化唱的《星星點燈》。鄭智化是一個臺灣歌手。因為從小有腿疾，走路有些困難，所以他常說，要從底下看人生。也就是說最潦倒的人從最低處往上看，從最潦倒的地方看最輝煌的景觀。

越是潦倒的人，越是從底下看人生。其實他們看到的景象更全面，得到的經歷更殘酷，產生的感受更真實。從底下看人生，不同的人生場景揭示出的人生道理，反而更真實，對自己更有啟發。

所以在這本書裡，我會介紹一些有趣的人，帶著大家一起來挖掘更多看待這個世界的視角。

除了這些人生小體會以外，這本書裡還有我看到的一些企業家的行為模式，和我從

商三十年來在經營方面的一些方法、觀察、體會。

總之，寫這本書的目的，就是跟大家分享這幾方面的經歷。然後我們再共同經歷一次從容、有趣，而且能夠啟發我們思考的過程。當然，如果還可以幫助一些朋友，讓他們站得穩、看得清、走得端、行得遠，那我就很高興了。

似是而非觀世界，深入淺出講故事。我想跟你們一起講故事、觀世界。

是為序。

第一部分　成事的方法

目錄
Contents

第三部分 用增長思維實現永續經營

目錄
Contents

第五部分 在焦慮中生長，時間站在你這邊

第一部分

成事的方法

01 裸體戰術：談判需要直與快

我們在溝通、談判的過程中，需要委婉地表達、迂迴地交流，但也時常達不到目的。比如說，你委婉、迂迴、暗示，這些東西對方可能接收不到，或者對方並沒有感覺到壓力，也不清楚你最終的需求，所以效果未必好。一旦出現這種情況，就需要另一種方法：裸體戰術。

所謂「裸體戰術」，就是要把想說的話，不管好聽也好，不好聽也罷，都直白地一次性說到位、說到底、說到最後。攤了底牌，反而能夠達到互相理解、促進合作的效果。

我舉個例子，大家都知道我們過去是由六個人創辦萬通的，在第一次界定合夥人權益關係的時候，我們都不懂後來的《中華人民共和國公司法》上規定股東權利的這套做法，也沒有現代公司治理的概念，所以我們用的是「水泊梁山」的模式，也就是「座有序、利無別」，大家雖然職務有些差別，但利益分配是平均的。

隨著公司的業務越來越多，大家在企業管理、公司發展方向上產生了分歧。一九九五年，我們決定根據退出機制和出價原則，以商人方式分家。

當要分家的時候，大家心裡肯定有一些疙瘩。為了各自把公司的事情管好，我就對其中的一個朋友說：「你走了我會在公司罵你三個月，罵完之後我就會好好說話。因為你是公司的主要領導層，你走了，又帶走了人，我要不罵你，我在這裡的正確性如何體現？我繼續管理公司，總得有一個合法、正當、正確的依據吧？所以我必須罵你三個月。作為交換，我們過去的品牌也好、項目也罷，你還是可以拿去做，大家都各自可用。」

這個朋友表示認可。就這樣，我們在做之前，比如在所謂「罵」之前，我把想法跟對方明明白白地交代清楚。這樣一來，即使他離開了，他聽到我在身後不斷地批評他，或者聽聞一些他認為不一定對也不會開心的話，但我提前用「裸體戰術」跟他解釋了，所以他也理解，不至於太生氣。

之後果然就是這樣一個過程，我在公司內部要提高我的正確性、合法性、正當性，我們高大上的形象要維持，那就得不斷地批評已經離開的人，三個月一過，就只說對方好話。經過這麼多年回頭看，也沒有影響到我們的友誼、情誼。而且在後來的發展中，大家還有更多的諒解、理解和合作。

這就是說，在溝通、談判的過程中，要足夠的坦率和坦誠。如果沒有直接地事先說好，那麼當一個人離開以後，你在背後批評他，說一些他不太願意聽的話，當然就會引起誤解。所以把事情直接說到位，效果會比拐彎抹角要好得多。

我還聽過一個故事。蘇州有一個女大學生，跟老外結婚，婚後發現老外總把錢算得特別清楚，每一筆錢都仔仔細細，她就很生氣。老外就挺奇怪，覺得你的錢為什麼要跟我的混在一起呢？將來我的錢和你的錢算不清了，我倆吵架了怎麼辦？後來兩個人又因為女方的父母該怎麼養而起了爭執。在中國，父母如果生病了，子女有能力就一定要贍養、幫助，不得有二話，這就是孝順。但國外不同，老外說要分清權利和義務，你的媽媽不應該用我的錢來養，於是兩個人就為這事吵架。老外這就是「裸體戰術」，我都跟你說清楚了，所以你不應該怪我。

剛開始，這個女大學生很不爽，時間長了，慢慢地她就發現，每次都先說清楚以後，反而不吵架了。因為後來都照著做也就理解了，原來這是他的文化，「先小人後君子」，反而到後面你就變成真君子。兩個人雖然磕磕碰碰，但每次外方用「裸體戰術」

直說，她慢慢消化，慢慢適應，不滿中理解，理解中相處，最後日子還過得挺好，而且在互相了解以後，都知道了對方的底線，也更有安全感。

王石[1]也跟我講過一個故事。他說去印尼爬山的時候，是由當地的食人生番做嚮導。我就問他，那這些食人生番如果餓了，會不會吃掉你們？他說自己也是這麼想的，所以特別緊張。王石看到食人生番光著身子底下就一塊布，心想他們萬一餓了，自己被吃了怎麼辦？於是他就想，與其緊張，還不如直接跟對方溝通，所以在路上盡可能地跟對方說話。甚至把自己的擔心也直說出來，越說越放鬆，於是就有了安全感，所以後來發現，先開口說話很重要。直接說，說到對方明白你的擔心、底線和立場，溝通起來反而更安全、更容易。

當然，相比起歐美，文化基因決定了我們說話的時候寧願選擇含蓄、抽象的表達方式，這在傳統文化保存越好的地方、越傳統的社會就越發明顯。我有一次去臺灣，發現跟臺灣的朋友在騎自行車環島的時候，經常會因為大家比較客氣，所以騎了一天下來就找不到話題了。原因就是，我們都不好意思說我們之間有很大的隔閡，所以就找一些公

1 企業家、萬科集團創始人兼董事會名譽主席。

共話題聊，這些公共話題說完了呢？再說一些笑話。突然發現，這個笑話他笑的地方我不笑，我笑的地方他又不笑，大家的笑點相差很大。當我們在一些事情上直來直往，不高興直說的時候，反倒大家都變輕鬆了，這個體會很有意思。所以我們後來就發現，在溝通的時候又直又快，把話說到位，其實是一種又爽又能解決問題的交流方式。

當然，使用「裸體戰術」也要分場合。如果大家都端著、裝著的時候，你突然使用「裸體戰術」，就會讓人尷尬，也可能會有人覺得你傻。如果是大家卸掉偽裝的時候，比如說在酒桌上，就比較適合。我發現很多人酒過三巡之後，酒酣耳熱、卸去偽裝，什麼都敢說了，說完了，氣消了，爽了，回家睡一覺，第二天起來還挺高興，見面的時候哈哈一笑結束，這就是發現有話直說比有話不說、有話繞著彎說要好很多。

不光是在商務談判、溝通的時候，在有些事不太有頭緒、想不明白的時候，直說也是一個有效的途徑。面對看似複雜沒有頭緒的問題時，不墨守成規，直奔目標，也許問題就能迎刃而解。

總之，當商業談判時，或者在溫良恭儉讓的狀態下，溝通無法進行下去時，不妨嘗試一下「裸體戰術」，攤開底牌，直白地一次性把話全說到位，僵持不下的局面也許瞬間就能化解。

02 潑婦理論：淺灰色地帶的規則

「潑婦理論」是我很多年以前提到的一個觀察，也是對一種現象的概括。所謂「潑婦」，就是沒有底線。底線越低，手段越多；底線越高，做起事來就綁手綁腳，手段自然就少。這種現象在市場經濟發展初期，在民營企業還處在野蠻生長階段，在一些衝突的場合會比較常見，也就是野蠻戰勝文明的時候。

最近十年，在相對規範的市場博弈中，這種現象才有所減少。即使這樣，在一些暗戰、淺灰色地帶，比如說在一些社會突發事件上，這種潛規則或這種現象也時有發生。

當時我就會觀察，在這樣的衝突和矛盾中，到底是哪些人容易得手？哪些人會從心理上、手段上、方法上、氣勢上最終取得優勢，且能收穫利益，泰然自若地離場？答案就是「潑婦」。所謂潑婦者，就是高聲叫罵的，不按章法出牌的，以道德底線以下的中年婦人為主。

這其中有幾個要素。

第一就是高聲，而且胡攪蠻纏、大聲叫罵，不怕圍觀的人多，甚至有意招呼來更多的人。「潑婦」不怕丟臉，甚至沒臉可丟，因為臉早就丟到地上了。也就是說，世俗的道德、習俗、風俗對她已經沒有約束力，所以她不怕人多，而且圍觀的人越多，她越來勁。當人多也不能讓她得逞的時候，還有第二條：耍賴。最典型的做法就是一屁股坐在地上，把自己的衣服扯爛，臉上抹一把泥，一把鼻涕一把淚，哭天搶地，做出一副被侮辱、被蹂躪、被欺負的樣子。

這時候「貴婦」往往是什麼反應呢？首先，見人多了，「貴婦」就有點招架不住、有點膽怯。因為她覺得自己有臉有面，要講道理，要按規範去處理一件事情，可是見到這麼多人圍觀，而且對方高聲大喊，自己就先沒了氣勢。「貴婦」看到圍觀的人一多，而且是販夫走卒之輩，大家七嘴八舌地指指點點，她臉上就越發掛不住，覺得自己一定不能有違道德底線，和「潑婦」一般見識。

於是，「貴婦」很快就放棄了自己的原則和道理，丟下幾個錢打發潑婦，馬上轉身離去。先賠償，不管有理沒理，先給幾個錢就走了，這是「貴婦」最常見的反應。

如果是脾氣稍微倔一點的「貴婦」，可能會申辯幾句，說一些自以為有才識、有道德、有情懷的話，指責「潑婦」並博得別人的同情。在這種情況下，「潑婦」會馬上從地上跳起來，撲上去連抓帶扯，「貴婦」哪受得了這種羞辱，必定落荒而逃。

而「潑婦」不但收穫了眾人讚賞的眼光，甚至是掌聲，還會撿起「貴婦」丟下的一籃雞蛋、一張信用卡、一疊錢，反正是得到了好處。這時她志得意滿地站起來，拍拍屁股上的土，又去享受她那市井快樂的生活了。

這樣的事我看得多了，這種民間所謂的一哭二鬧三上吊，我把它叫作「潑婦理論」。我時常會想，為什麼「貴婦」不能最終取勝呢？她手裡難道沒有法律武器嗎？她難道真的理虧嗎？她為什麼會敗下陣來呢？

幾年前，我去了波蘭的克拉科夫，去看了二戰期間德國人屠殺猶太人的奧斯維辛集中營。我在那裡發現了一個令人震驚的現象。猶太人被一火車一火車地拉到集中營，而看管他們的德國人其實很少，少到不足這些猶太人的一%。但就是這不到一%的人，命令所有衣著光鮮、受過教育、信教、文明的猶太人，拿著自己的東西從火車站上下來，按照男女老幼分開，最後病弱的和強壯的也分開，再在指定的位置站好。這個過程中，猶太人竟無任何反抗。最後，德國人會先讓那些老弱病幼的人去毒氣室，這些人同樣按照要求，取下耳環、眼鏡、金牙、手錶等值錢的東西，直到走到毒氣室門口，他們還會按照德國人的命令把外衣也脫掉，只留下一條底褲，排著隊乖乖地走進毒氣室。

第二批進去的人甚至要把第一批死了的人火化掉，把骨灰弄乾淨。之後是第三批、第四批，絕少有人反抗。

我一直在想，數量在德軍十倍甚至一百倍以上的猶太人，其中不乏精壯男人，為什麼就這樣接受屠殺而不去反抗呢？如果說，這群人是幾百萬頭牛、幾百萬頭豬、幾百萬頭驢，估計過程都不會這麼容易。說不定幾百萬頭驢還會把德軍全都踢死，即使德軍有機關槍也無濟於事。

文明與野蠻在一起的時候，為什麼文明反倒容易被野蠻奴役呢？有一本書上的解釋說，文明是一個馴化的過程，讓人脫離野蠻，進入秩序、道德、法律、規則當中。人一旦被馴化，變成文明人以後，他就會按照這種習慣、道德、法律、規則去辦事，將此視為理所當然的、必須的、可以被坦然接受的事情。所以，越是被訓練得好，越是受教育水準高，相對來說，他的底線就越高，行事規則就越確定，自己在心裡已經把預設的程序設定下來，就只能按照被教化之後的方式去應對外部的挑釁，從而喪失了本能。

這時，一旦有野蠻人過來，命令他們把衣服脫掉，把耳環摘下來，把眼鏡摘下來，他們也沒有任何反抗意識，似乎認為這是應該的。接近毒氣室的時候他們已經絕望了，在這種情況下他們仍然排著隊進入毒氣室，也沒有任何反抗，這是一種悲哀，甚至可以說是文明被野蠻奴役的悲哀。文明程度越高，越容易被野蠻所奴役，所以野蠻在文明面前，往往表現出一種原始的衝動和暴力的強大，以及不按遊戲規則來玩的優勢。這就是文明和野蠻在相處過程中的一種潛規則，或者說是一個顯而易見的結果。

所以，越是沒有被教化的，本能越強大。也就是說，越接近於野蠻，就越容易變成野蠻的勝利者。

話說回來，在「潑婦」和「貴婦」的關係中，「貴婦」就是被教化的文明人，最後卻淪落成衝突關係中的弱者、失敗者和被奴役者。當「貴婦」遇上「潑婦」，當文明遇上野蠻，野蠻就是這樣取勝的。

歷史給了我們一個特別有意思的警示，不要沉迷於我們的文明進步當中，我們其實是經常被野蠻所征服的，而當野蠻征服文明的時候，我們常常會像「貴婦」一樣落荒而逃。

03 僵局規則：達不成共識時如何妥協

在一個企業或組織裡，當大家面臨困難，進也不行，退也不行，左也不行，右也不行，進入僵局的時候，我們怎樣來破局？怎麼找到解決問題的方法？答案就是僵局規則。

一九九一年，我們六個人一起創辦公司。那個時候沒有《中華人民共和國公司法》，也沒有現在大家熟悉的那些解決公司矛盾的規則。我們就組織了一個常務董事會，六個人一人一票，規定所有的事，四個人以上同意才能幹。實際情況是，即使四個人真同意了，剩下的兩個人也會特別不開心，也不怎麼能下決心真幹，效果就不好。所以，那個時候，六個人經常陷入僵局，無法做到一件事六個人都同意，也無法說四個人同意就堅決執行，於是很多事就議而不決，不停地打轉。

這個僵局給我們很大的壓力。當時還沒有《中華人民共和國公司法》，也不知道國外成熟的公司或是國內所謂的先進公司會怎麼做，我們就決定出去學習。在學習之前我們也做點功課，我們當時做的功課很中國，也很土。比如我們先「拜訪」《水滸傳》，「拜訪」洪秀全，然後再看看民國的商人故事，看看前人是怎麼做的。

我們試圖從這裡面找到一些破解僵局的方法。說起來，雖然最後並沒有找到真正解決問題的方法，但確實得到了一些啟發。

比如說《水滸傳》，實際上提供了一個江湖組織的遊戲規則。這個規則最重要的就是怎麼樣能從一個人幹到一百〇八人，這些人在一起怎麼做事，彼此形成合力。這裡面有幾條規則很有意思，也很重要。

第一條規則叫「座有序，利無別」。排座次一定要有老大老二，但利益分配是一樣的。當時水滸上的利益分配規則叫「大碗喝酒、大塊吃肉，整套穿衣裳」。也就是說，喝酒、吃肉、穿衣服、利益分配上是絕對平均的，只是在稱謂、座次上有一二三四。

第二條規則是關於排座次的。水滸裡關於排座次有三個規則。第一個是年齡標準。當大家湊到一起喝酒，誰都不認識誰的時候，就得先問問年齡。年齡最大，大家一定要尊上座，其他人就靠邊坐。在江湖上混，不管什麼人，只要年齡大，先尊敬、先拜是沒有問題的，這在中國挺重要的。

如果兩個人年齡一樣大怎麼辦呢？那就得用第二個標準：看背景。曾經在哪裡混過這很重要，這個背景決定了在年齡差不多的時候，一個人是坐上位還是次位。

如果這兩個標準都差不多，那就得用第三個標準，叫「君權神授，不擇手段」。比如說，晁蓋臨死時有一個遺囑，誰抓住了害他的人，誰抓住史文恭，那麼這個位子將來就給誰坐。

那最後是誰抓住了史文恭呢？河北大戶盧俊義。可是宋江很想坐大哥這個位子。拿下史文恭的時候，大家聚在一起，宋江就悶悶不樂，從聚義廳裡走出來蹓躂。他走出來以後，後面還跟了兩人，一個叫吳用，一個叫李逵。李逵就問，哥哥為何悶悶不樂？宋江沒搭理他。吳用也小聲說，你別在這吵，然後又低聲跟宋江嘀嘀咕咕耳語了一會兒。第二天一起喝酒的時候，突然有人喊，出事了，快去看，山那邊塌了一個坑。大家趕緊跑過去一看究竟，怎麼回事呢？原來山上有一個地方塌下去一塊，裡面居然還有塊石頭，上面寫著天罡地煞一百〇八人的名單，第一個就是宋江。於是大家衝著宋江就拜，一起哄，宋江就變成真大哥了。

當時大家為什麼突然就服氣了呢？原來這一塌，大家認為這是天意。「轟」的一聲冒出了塊石頭，上面都寫清楚了誰是第一第二，那宋江顯然就是「君權神授」了，所以不得不拜。江湖上的座次是這樣排的。

除了排座次，大哥的位置怎麼換？可以去看《黑社會》，專門講類似宋江當上大哥以後，怎麼換人的故事。

江湖上很多規則都是潛規則。其中有兩句話特別重要，第一句話就是，最可靠的就是最危險的，所以大哥一定要提防身邊最可靠的人。第二句話就是，想要當大哥，殺了大哥便是大哥。什麼意思呢？就是說，當大哥沒有熬年頭、熬資歷這麼一說。你只有把大哥幹掉，你才能夠熬出頭，成為真大哥。

我們當時在研究如何打破僵局的時候，發現了江湖上的規則。但是這些規則都太玄乎，也挺嚇人，而且最後還是落在一個僵局裡。於是我們又去找書看，就找到了《民國時期的土匪》。這本書講了很多民國時期土匪的遊戲規則，特別是東北的土匪。我們就把這些規則和水滸的遊戲規則對照著看，腦洞有所開，心裡有所明，腳下有所方向。

《水滸傳》裡找不到細節的地方，《民國時期的土匪》裡面講了很多，比如分工、激勵和預期管理，特別是預期管理。後來我又看了一部香港電影叫《跛豪》，其中關於預期管理留給我的印象是最深刻的。

我們後來總是說，無論是《水滸傳》，還是其他江湖上的組織，或者是香港電影裡的故事，只是在一個細節上破局，找到了一點辦法，從總體來說還是無規矩可循。

這也就解釋了，為什麼中國的江湖組織、土匪組織、農民起義組織，發展的時間都非常短，過不了幾十年，過不了兩代三代人，一定垮掉。原因就是剛才講的，只有小規則而沒有大規則，沒有解決僵局的遊戲規則。缺乏長期穩定的機制，江湖組織就長不了。所以，民營經濟在早期野蠻生長的時候，「拷貝」了很多江湖組織，這樣做的企業最後都沒有成功。即使到今天，在海南那個時候的一些江湖恩怨，還一直延續。

而我們六個人創辦的公司之所以能夠活下來，很大程度上就是因為我們意識到這個問題，我們一直在尋找打破僵局的方法。怎樣才能盡快地把江湖組織變成公司？怎樣讓大哥變成董事長，兄弟變成股東？怎樣找到退出機制和激勵機制？如果這些東西我們沒有弄清楚，沒有改變，沒有把問題解決好，那我們仍然跟其他江湖組織一樣，公司早就崩潰了。

一次偶然的機會，我明白了怎麼樣用商人規則來解決江湖中生意人之間的矛盾。

一九九三年，我去美國見了周其仁[2]。我非常急切地跟他談我們在生意過程中遇到

2 經濟學家、北京大學國家發展研究院教授。

的困難，其中一件事就是這個僵局。他就笑了，說這很簡單。在美國，所有的生意在一開始就要說結束，結婚也要說離婚，也就是說，得有一個僵局規則。我問他，什麼叫僵局規則？他說，當你們合不到一起的時候，有人要走，有人要留，那就要有一個出價規則。你出一股多少錢，賣給對方。如果對方不買，那反過來，同樣的價錢你買他，最後他走你留，這就叫出價規則。我問這麼簡單嗎？他說就是這麼簡單，談價錢不要吵架，談價錢就好。

後來我們六個人之間有分歧，討論誰去誰留的時候，大致上就是按這樣一個規則，留的人出錢把走的人的股份買下來，走的人拿錢去開拓新的事業，這樣大家也就沒有矛盾了。「以江湖方式進入，以商人方式退出」，僵局就變成和局，最後變成順局，變成發展之局。

所以，僵局規則考驗人生智慧。在中國的文化當中，我們吃飯也好，聊天也好，其實更多的是和局的遊戲規則。比如說，一有矛盾，大家不是先從最壞的方向出發，而是都往好裡說，拉到一塊先吃一頓、喝一頓，然後就你好我好他也好。實際上，這往往是在破壞規則。總是談一件事能不能變通，如何變通，把不能辦的事一定給辦了，這就是我們通常習慣的和局規則。

而在西方，他們是從最壞的地方出發，甚至要把所有的僵局都寫在紙上，律師參與進來談一個協議，談來談去都是在說你倆萬一掰了怎麼辦？如果掰的情況一二三四，那就有針對性地一二三四解決問題。

拿費用做個比較。我們在美國的公司，沒什麼招待費，全是律師費，律師費在所有費用裡的占比與國內公司的招待費占比，也就是吃喝占比居然差不多。在美國，是從壞事和僵局開始談起，最後達到一個和局。而我們是從吃飯以及和局開始談起，最後弄不好掰了以後，還得互相埋怨走入僵局。

弄清楚這些情況，實際上對我們後來的內部合作，或者外部的戰略合作，都有很大的指導意義，化解了很多潛在的矛盾。

比如說我們當時跟泰達合作，那是一個混合經濟的合作。我們引入泰達成為萬通的第二大股東，而泰達是天津最大的國企。因為我們對僵局和僵局規則的認識，所以我們事先在討論投資協定的時候，就特別討論了僵局規則。

這裡的僵局規則是什麼呢？我們說所有的重大決策，在股東層面要四分之三以上的人同意，實際上也就是說，必須雙方都得同意。在董事會也類似，重大的董事會事項，必須超過三分之二的人同意。那我們怎樣防止出現僵局，以免影響業務的開拓和發展呢？我們就確定了一條規則，即如果出現僵局，任何一方都可以先舉手說「這一次你必須聽我的」。但是如果說了這話，那就意味著下一次再出現僵局，一定要由對方來做決定。也就是說，誰只要開頭嘴硬，說你必須聽我的，那下一回就只能聽對方的。

這個規則很公平。你自己來權衡事情的大小，是不是非要堅持，而且由於你不知道下一件事是什麼，不知道它對你有利還是不利，所以你在權衡的時候，也很難冒險做決策。

這逼著我們每次都商量，從來沒有用過這套規則。所以，一條僵局規則，避免了我們的僵局，也使我們盡可能地朝著和局的方向前進。我們後來跟泰達合作的幾年，不僅在經濟、利益、企業發展上都有了收穫，有了收益和成長，我們之間相處得也非常和諧。不管是進入、退出，都能按商業的規則來解決這些問題。一切都在原來的預計之中，所以很愉快，也很順利。

事實上，在商業活動當中不怕有矛盾，怕就怕沒規則、沒有預期解決方案的矛盾。有了矛盾，不知道怎麼解決，又沒有規則，這事就很難辦。相反地，只要是對某一種矛盾有預設的解決規則，也知道從哪個方面去找到解決的規則，這些矛盾就不算什麼了。

總體來看，解決僵局的方法其實也就三條。

第一條，大家必須遵守一個協力廠商制定的規則，而不能用單方面的規則取代協力廠商的規則。不是說你是大哥，我就聽你的，而是咱倆都得聽協力廠商的，聽法律法規的。

第二條，就是矛盾雙方出牌的套路不能偏離這套規則。比如說兩人鬧矛盾了，是協商談價錢，那大家好好地談價錢。你不談價錢你玩綁架殺人，那你就沒有按協力廠商法律的規則辦，這就不是解決僵局，而是跳到死局裡面了，矛盾根本沒辦法解決。

第三條，有矛盾不怕，透明解決。不能把矛盾放在一個不透明的狀態下，誰也不知道，就私下裡兩人討價還價、死掐，這事會越掐越亂。一旦放在透明的條件下，由律師去解決矛盾，或者是仲裁、打官司，都是解決僵局的方法。

因此在一個組織當中，特別是創業者新創辦的組織裡，一定要明確，我們不能僅是心裡懷抱著一個美好的願望，希望大家好好合作發展事業，希望有一個和局，而忽略了潛在的僵局。應該注意到可能的僵局，以及找到可處理僵局的規則，把握解決僵局的方法，才能讓組織有序地成長，業務健康發展。

04 時間效應：時間如何讓人變得偉大

巴菲特是這個時代大家公認最會投資的人，很多人都總結過他的投資模式。一是他不會冒險進入不了解的領域，二是他更喜歡長期持有。巴菲特的老搭檔查理．蒙格曾說過，巴菲特就像一個學習機器，每天如飢似渴地閱讀和學習，時間久了就會了解很多行業，而他所做的投資，也往往因為長期持有而利潤翻倍。

可見，時間是巴菲特的重要武器，它是可以改變一件事的性質的。

上學的時候我們都會被要求背誦唐詩宋詞。提起唐詩，就不得不提詩仙李白和詩聖杜甫。現在我們認為李白和杜甫是不分高下的，但是在唐代，這兩位在世的時候，李白在詩壇的地位遠遠高於杜甫，而杜甫只是李白的一個小粉絲，在人才濟濟的唐朝不太起眼。那是什麼讓杜甫的名氣節節攀升，最後成為能和李白齊名的大文豪呢？簡單地說就是時間。

李白成名沒花太多時間，他的人和詩體現的都是典型的盛唐氣象，一寫出來氣勢磅礴，就像李白喜歡用劍一樣，一下就刺進人心。但杜甫不是，他出身官宦世家，讀的是儒家經典，兢兢業業、憂國憂民，是大唐王朝盡職盡責的螺絲釘，所以他的作品在唐朝不那麼流行，人們對他的印象也一直是個公務員而已。直到宋朝有人重修唐代歷史，寫成《新唐書》，才把杜甫的地位一提再提。

從杜甫去世到《新唐書》寫成，中間有漫長的兩百九十年時間，中國經歷了唐末五代之亂，又重新回到大一統，盛唐氣象不在了，宋朝的人懷抱更多的是亂世的情感記憶，這才能深刻地體會到杜甫「國破山河在，城春草木深」的情感，也更能體會杜甫詩歌裡表達的內容。

雖然杜甫生前已經把要表達的東西都表達了，要寫的詩也寫完了，但後人對他的評價在漫長的時間裡不斷地改變、昇華著。

如果杜甫的詩本來就不好，那他永遠只是一顆唐朝的螺絲釘，沒有人會記得他的憂國憂民。但他的詩足夠好，時間就幫助他，讓他的詩傳播得更遠，也讓他自身的人格缺陷逐漸模糊，只留下「詩人」這一個單純的屬性，逐漸成為我們心中的詩聖。這就是時間的作用，大浪淘沙讓偉大的人在歷史的長河中逐漸發光。

所以說，如果一個人、一件事本質是好的，時間就能幫上忙。做企業、做產品，也必須是個好企業、好產品，時間才能幫到你，才能讓你的產品暢銷，你個人、公司的價值才能夠提升。

對於我們這些還活著、還在努力的人來說，時間效應究竟體現在哪裡？通常情況下，在我們做事情的過程中，我們體會到的不是時間，而是麻煩。如果我們解決了這些麻煩，回過頭來看，我們才會發現這些事真的挺有價值。

時間的長短往往能改變事情或者人的價值。有些事情看起來非常不起眼，重複一兩次也不過只是個普通動作而已。例如我端著杯子喝水，這本來是個正常行為，但如果我連續喝五十個小時，那性質就變了，成了行為藝術，也許能獲得幾個打賞。如果我這個動作保持五千個小時，那就站這死了、乾了，就變成了一座雕塑，沒準多少年之後挖掘出來是個文物，變成了一件藝術品，可以在拍賣會上變現。這麼說可能比較抽象，誰也不會為了打賞去堅持五十個小時，也沒有人非要較勁，一直喝五千個小時的水把自己喝死。

我們每天要做的事情豈止這一件呢？閱讀、工作、人際交往，可能我們每件事都在做，但往往是無意識的，沒有想過要長年累月地保持一個姿勢、一個標準，直到把這事做好。

據我觀察，在這方面做得最好的是王石。他一旦設定某個目標，看似不經意，每天好像也沒花太大的功夫，但由於他專注、聚焦在一件事上，每天都花點時間，最後每一件事都能在所屬的領域裡做到最好。除了做企業之外，比如說登山，他用十年多時間變成中國國家二級登山運動員，又變成中國國家級運動健將，最後變成中國登山協會副主席。之後，他又用了十多年的時間去滑賽艇，每天練，然後成為亞洲賽艇協會主席，現在又在全國推動賽艇運動。專注而不是分散地使用時間，實際上是把時間集中在一條線上，讓事情連續地朝一個方向累積，這樣才能取得常人達不到的目標和成績。

阿拉法特也是這樣。他做了三十五年的巴勒斯坦解放組織主席，雖然想建立一個國家沒有成功，但是他得到了全世界很多國家的尊重。這三十五年來，他每天都為了這一個目標奮鬥，不停地換地方睡覺，哪怕是睡覺都要睜著眼睛，因為這是最安全的辦法。正因為這樣，他是靠時間熬過來，熬了三十五年，躲過了無數次暗殺。最後變成一個無可取代的領導者。

當你要做一件事的時候，如果你希望它變得偉大，不用刻意去選擇驚天動地的事情，你首先應當考慮的是你準備花多長時間。如果你只想花一年的時間，那你絕對不可能把它做成特別厲害的事。如果你敢在一件事情上賭二十年、五十年，甚至賭一輩子，那你一定會成為這個領域的佼佼者。

在長時間的努力和堅持中，你可能會遇到困難，這是正常的。解決困難的一個核心就是你對未來抱有信心，同時用一切方法去解決眼下的困難，這就叫熬。「熬」是你戰勝所有對手最重要的原因，你能熬得住，平凡的機會也會變得偉大。如果你放棄，那一切就成為一個泡影，你的離場等於失去了機會。你不想熬，就變成一個逃兵；捨不得熬，你離機會也就越來越遠。

想必大家已經體會到了，時間是可以改變一件事的價值的。所以，我們如果想在人生路上用時間投資什麼，並且有所收益的話，就必須在同一個方向上連續地正向累積，哪怕道路曲折也得熬到前途光明的時候。

如果你對現狀滿意，那你也可以用更多的時間來豐富你的業餘生活和人生經歷，取得一個平衡。無論怎樣，時間都是你最好的朋友。

05 熟人成本：能透過市場解決就別用人情

在企業管理中，常遇到用人的問題。

民營企業通常喜歡用熟人，認為熟人好辦事，熟人可靠。可是在咱們這個人情社會，做事要講情面、要顧面子。一個企業裡面的熟人越來越多，管理上的效率是提高了，還是降低了？管理當中的成本究竟是提高了，還是降低了？

我算過帳。在市場經濟下，如果是初創公司，也就是三五個人、七八個人的時候，企業用熟人，可能會降低成本，帶來更多的動力和收益。如果企業規模越來越大，達到了幾十、上百人以後，熟人多了，通常並不會替企業帶來更多的利益。相反地，可能因為管理的成本越來越高，人際關係越來越複雜，導致收入不增反降。

這是我從生活中得到的一個體驗，也由此收穫了關於公司熟人成本的一個觀察。

舉一個例子，如果你開車，哪天違規闖紅燈了，被員警攔住。你一抬頭，看那個員警是個熟人，你會說：「您怎麼在這？」對方看見你猛一愣，說：「怎麼，出事了，闖紅燈了吧？」你馬上就會說：「對不起，剛才沒看見，打了個盹。」對方一看老哥兒們了，說：「行，沒事了，注意點，走吧。」這時候你會怎麼想呢？你會覺得自己特別有面子。為什麼？因為別人闖紅燈會被員警攔下罰款，而且挨訓，而這個員警給足你面子，你覺得自己又有了面子又省了錢。所以心裡頭竊喜，然後甩一句話說：「改天一起吃個飯。」他說「行」，於是你就走了。

第二次，當你路過這裡的時候不是闖紅燈，而是拐錯彎了。一看又是這哥兒們，這回不用道歉了，你會直說：「又是您當班。」對方說：「最近買賣不錯，要請客。」你說：「行，改日喝酒。」一想又省了兩百塊人民幣，面子大了去了，但因為覺得麻煩人家兩次了，都被攔住了又放，你會找理由請他吃個飯，然後把這人情給還了。跟員警哥兒們一吃一喝一高興，花費一定不少於四百塊人民幣，而中國人喝酒時要敬酒、要吹捧，互相感覺都好得不得了。

兩人的關係由熟人變成親密熟人，甚至是家人那種，那就更有面子了。於是吃完飯後你又多問了一句：「最近弟妹忙什麼呢？」對方說：「你這弟妹不爭氣，一天在家沒啥事幹，找工作又特別難，要不上你那給找個活，能發點錢就發點錢，別讓她在家閒著就行。」你說：「沒問題。」哥兒們的事，答應了就是給他面子，於是他又敬你一杯，然後就散了。

過兩天，這弟妹真的要來上班了，薪水怎麼發呢？按照當下的標準，薪水可不能太低，這月月都發薪水，還要買保險，加上其他雜項支出，每月總得有個好幾千，你一樣都少不了。

上班三個月之後，員警兄弟打電話來了，說：「大哥，你那公司怎麼管得那麼亂，媳婦回家天天跟我說自己被欺負。你得好好管管你那手下，她不就是沒上大學嘛！沒上大學也是人。」

第二天你上班了，被迫變著花樣讓人都知道她老公是你的哥兒們。這時你可能已經不開車了，也不可能違規了。同時你也對這位員警的老婆老是回家說這件事，叨叨叨有點煩，於是就對員警說：「弟妹在這幹著不舒服的話乾脆讓她回家吧，她不用上班了，我每月給她五千。」

這就是中國人之間的博弈，你花了錢，一年搭進去好幾萬，還不好意思停這薪水，最後錢是花出去了，早晚也得罪了哥兒們。如果當初員警一上來，你就乖乖給二百，讓他開單，你這一天雖然有點不爽、不快樂，責備自己不留神，但以後一定會小心駕駛。

從此你就變成好公民，盡量不違規、不被罰款。

這當然是一個虛構的故事，員警也不會違規放行。但你想想，讓這熟人關係回到生人關係，是不是很划算？熟人往往能滿足你片刻的虛榮心，但會導致你不必要的交往，花了時間、精力，又導致你過度的成本支出。

很多故事都證明，熟人的關係是超越甚至破壞制度的。熟人關係就是有選擇地超越規則，熟人之間有親疏、利害之別，親密的、利害大的關係，超越制度就多一點；疏遠的一般關係，超越制度就少一點。熟人越多的地方，越無法遵守制度，結果只能任由習慣和傳統文化來支配。比如鄉村，主要是靠熟人、人情、情感、面子等來支持社會的遊戲規則。全部都是熟人、面子關係，最後是潛規則、習慣、風俗占上風。

所以，民營企業如果熟人越來越多，那麼制度成本就高。因為制度被破壞的次數多，而且其他人也會有樣學樣，使制度形同虛設。

我曾經讓我們的監事會專門對公司內部的制度執行情況做一個定量研究，研究哪些制度被執行，哪些制度沒被執行。後來發現，執行得最不好的就是報銷制度，大概只執行了四十%，因為報銷是一級一級地簽字，熟人給熟人簽，很少有人認真核查每一張票，且越是熟人，越不好說不簽。

而執行最好的是投資制度。因為投資是董事會的事，董事會有獨立董事，還有其他不太常見面的生人，跟經理平時沒什麼交集，所以關於投資的事，只要在董事會討論，得到批准不容易，但執行率都是百分之百。

這幾乎成為一個規律。熟人多的地方、熟人多的公司，執行力度一定就不好。所以萬通很早就提出了「生人原則」，要建立生人文化。也就是說，公司不主張用熟人，都用生人，公司的制度執行比原來好很多。

我們現在大多透過獵頭公司和網路徵才，熟人文化已經淡了，這在民營企業當中是不容易的事。如果我們最終能夠所有人都按生人規則來運行，公司就一定會變成制度執行有力、執行效率高、公司效益更好的一個企業。

除此之外，我們還提出了一個擔保制度，也就是說，可以推薦熟人，但是你就得對這個人做擔保。如果被推薦的這個人犯了錯誤，給公司造成損失，那你作為擔保人，也要扣你的獎金，甚至要連坐。

從公司整體來看，實行擔保制度以後，制度執行比原來又好很多，而且多數人也懶得推薦熟人，免得給自己惹麻煩，這樣一來，公司就能夠比較客觀地來選人、用人。

很多民營企業長期不注意這一點，尤其是家族企業，熟人介入最大，企業規則最難建立。比如兒子犯了錯你能把他炒了嗎？兒媳婦做出納把錢點錯了你能扣她獎金嗎？所以你的規則就虛設了，家族成員在公司內部全部超越規則，卻要求剩下的人都按規章制度辦事，那怎麼能有凝聚力呢？在這方面，我覺得熟人本身超越規則，就會對公司制度形成很大的破壞。

熟人在一對一博弈當中也是成本巨大的。這種隱含在面子下的成本其實很危險，而人們往往渾然不知。事實上，當你算清楚之後會發現，生人比熟人更有利於公司的發展，更有利於公司制度化，更有利於控制組織當中的成本，提高組織效率。

06 孫子心態：賺錢要善於低頭求人

李嘉誠在創業的時候，很多人都比他有錢，後來，那些人走著走著，在財富榜上就落到了他後面，甚至不見了。但李嘉誠創業成功，且很長時間都是華人首富。因為在香港，人們的衣食住行、生活日用，都需要購買李嘉誠家族企業的產品或服務，想要完全不跟李嘉誠名下的企業發生關係，是很難的。即便已經擁有如此驚人的財富，李嘉誠平時待人還是很溫和，說話和風細雨，和別人有約也習慣早到。

看到這些我就在思考，李嘉誠創業成功，除了錢之外的能力還有什麼呢？想來想去，我覺得主要有四點：姿態、價值觀、毅力和眼光。我主要說第一點，姿態的問題。

所謂姿態，就是在做生意的時候把姿態放低，給別人面子，「賺錢像孫子，花錢像大爺」。通常說起「孫子」，不是一個好詞。「裝孫子」更是一個貶義詞，用來諷刺一個人奉承別人時的嘴臉，溜鬚拍馬裝可憐。我討厭「裝孫子」，因為這是揣著明白裝糊途，出問題了就躲，既虛偽又可恨。賺錢不能靠「裝孫子」，而是要學著用「孫子心態」。

所謂「孫子心態」，就是要把自己的姿態放低，給別人面子，保持一種謙恭、謙虛的態度。那什麼叫給別人面子呢？陝西人的解釋我覺得特別實在，也特別準確。陝西人解釋面子，就是「你把人給尊重一下」。也就是說，在一個行為當中，你要抬高和尊重別人，別人才會尊重你。尊重別人的時候，手段要合情、合理、合法。像行賄，涉及違法亂紀，那可不行。

當然，吹捧人難免會說一些客套話，有時候還有一些套路，最後才能夠達到效果，這是人與人交往中非常重要的流程，或者說一個戲份。可能你會覺得這有點為達目的不擇手段。當然換個角度，大家就能明白這麼做的必要性了。

比如我們出去買衣服、吃飯，如果兩家店的衣服和餐點差不多，其中一家的店員愛理不理，另外一家的熱情周到，你會選擇哪家呢？餐飲業的傳奇企業海底撈，一年淨利潤十幾億人民幣，天天門口大排長龍。除了口味，海底撈的殺手鐧就是超級服務。

同樣，做生意的時候，人們難道就不希望別人給自己面子？不希望自己被尊重？如果過程愉快，人們當然就願意掏錢。

面子這個東西，在我們生活中就像貨幣一樣流轉著。當我們創業、賺錢的時候，保持「孫子心態」，主動、自發地給合作者或客戶面子，就像一場球賽，我們先發了球，那麼當然對方就得回過來，他也一樣要善待你。拿什麼善待？當然是要用錢來買你的服務和產品。

我給你面子，你給我面子，然後我們又把面子再給他，面子傳來傳去，人和人之間的關係就潤滑了。所以面子不僅是一對一時的一種禮物、一種流程、一種戲份，同時也可以轉讓，甚至是可以繼承的。我們會看到，因為老子給了面子，所以我們對他的孩子同樣給予尊重，等於這個孩子就繼承了老子的面子，這是中國人之間一個非常有意思的交往方式。

大家可能會有些疑惑，在服務業之外，在創業賺錢的時候，如果遇到攻擊性比較強的一些人，他不玩面子那一套，那你保持「孫子心態」還有意義嗎？那麼回到我剛才的解釋，「孫子心態」就是謙虛、謙恭，最直接的效果就是營造一種和氣的氛圍，歸根到底，是對自我心態的校正和管理。

剛開始做生意的時候，「孫子心態」意味著要把對方看得很重，不管業務是大是小，都要把這個單子做好，這就是生意人的本分。不積跬步無以至千里，不積小流無以成江海，在每一筆生意面前，我們都應該把它當成最重要的一部分事業。

再說一個李嘉誠的故事。他年輕的時候，曾經在一家茶樓裡當店員，每天第一個到，最後一個離開，別人只做分內八小時的事，他卻願意做到十幾個小時。在其他人眼裡，茶樓是老闆的生意，給多少錢，出多少力。但李嘉誠把這份工作看得非常重，哪怕只是端茶遞水擦桌子的小夥計，他也兢兢業業，全心投入。時間一長，李嘉誠順理成章地升了職。別人都把這份工作當成替老闆打工，斤斤計較，生怕自己多付出，但李嘉誠不這樣，就像自己在和老闆一起做生意，把自己放在老闆的位置上，尊重這份生意，尊重老闆。用一種「孫子心態」，讓自己先付出，先投入，之後升職加薪，那是老闆給他的正常回饋。

在創業稍有成就的時候，「孫子心態」讓我們始終保持戰戰兢兢、如履薄冰的心態，不是一旦達成一兩個小目標，就認為自己登上了人生巔峰，而是要刻意讓自己處在低處，同時往高處看，去思考更寬廣的未來。

我在做生意初期也遇到過類似的問題。那個時候，萬通在很多地方都開了分公司，在哪都有飯吃，呼朋喚友，感覺特別好。公司一週年的時候，我們面臨兩個選擇：要麼繼續大吃大喝，和平常一樣，開開心心地慶賀一下，要麼大家一起坐下來規劃一下未來的藍圖，探討第二個、第三個，乃至第二十個生日怎麼過。

我很慶幸我們當時做了第二個選擇，從此萬通就把創辦公司的紀念日改為反省日。而反省就意味著謙恭、謙卑，保持一種「孫子心態」。

在反省日，我們都會把過去一年的成與敗、得與失攤出來，一五一十說清楚。在反省會上，大家有時探討得很激烈，也很不好過。因為每件事你都說得很直白，當一群同事批評你且不留情面的時候，你怎樣積極地看待這件事？這個時候，「孫子心態」的作用又體現出來了。不管我們做成了多少事，我們仍然把自己當成剛創業時一無所有的愣頭青，不怕丟面子，也不畏懼直面問題，而是一刀一刀剖開，想辦法解決，再想辦法縫合這些裂痕，最終走向下一次進步。

保持「孫子心態」是提醒我們自己要自警、自省，不斷進步。

總而言之，當我們想創業、想賺錢的時候，要先把自己的心態調整好。「孫子心態」不是怯弱，而是代表了專業和勇氣。想要從賺錢到花錢，就得經歷從孫子到大爺的過程。先把自己壓縮到零，才會獲得成長為一、十、百、千、萬的能力。

07 大哥姿勢：領導者指道、扛事、買單

時常有創業的年輕人問我：「馮叔，為什麼我的團隊總是不穩定？我給的待遇也挺好，但怎麼招進來的人，我很看好的，沒多久他們就走了？我還沒有那些混日子的大哥有凝聚力？這是怎麼回事？我應該怎樣提高自己的領導力呢？」

我就跟他們說，好的領導者首先在於管理自己，而不在於領導別人，特別是不能埋怨別人。如果一個人總是在埋怨別人，總是覺得自己應該領導別人，發話別人就得聽，怎樣都是別人的錯，是無法做一個好領導者的。

我為大家舉個例子。王石經常出去爬山，一會兒爬這個峰，一會兒又去了南極、北極，他大概用了不到五年時間，就把七大洲最高的峰都爬完了，加上南極點和北極點，

很快就完成了7＋2極限挑戰[3]。他是怎麼做到的呢？我在跟他爬山的時候發現，他和我們這些「業餘選手」相比，最大的區別就在於他能管理自己。比如說，在山上應該下午五點睡覺，聊得高興了，有些人八點才睡，那第二天肯定就爬不了了，興奮過度，睡眠太少。而王石，說幾點進帳篷，他就幾點進帳篷。

有一次，就是在爬珠峰的過程當中，爬到七千多公尺的時候，不管外面人怎麼吵，說這裡風景好要他出來拍照，他就是不出帳篷。因為在這麼高的一個海拔，每動一次，能量損耗就非常大，為了確保登頂，他一定要管住自己。也就是說，為了一個確定的目標，一定要犧牲掉自己的一些臨時衝動或者好奇心，約束住自己，管好自己。當時跟他一起的還有另一個朋友大劉。大劉屬於興奮型的，直播登珠峰，八千公尺以下的時候，都是大劉對著鏡頭興奮，結果因為太放縱了沒管好自己，到八千公尺的時候就沒勁了，只好放棄了登頂。

王石能以一個業餘運動員的身分登頂珠峰，管理自己的能力是非常重要的。而且他每次都認真地去做爬山的準備工作，比如說，要塗兩層防晒，他一定塗兩層，而且塗得

3 指攀登七大洲最高峰以及徒步至南北極點的極限探險活動。

特別厚，為了保持能量，再難吃的食物他都能往下嚥，而我們有時候寧願餓著也不怎麼願意吃。

這種自我約束還表現在他的生活細節上，比如說原則性。

有一次，我們在成都的小攤上吃宵夜，要喝冰鎮的啤酒。小姑娘說有冰鎮的，可是半天又拿不出來，拿出來的也不是冰的，是常溫的。王石馬上就嚴肅了，很正經地跟她說：「你說啤酒是冰的，如果沒有，你應該告訴我。如果你只是把我們哄坐下來，你這是騙我們，我不吃這飯了。」說完拍屁股就走。大家說：「都坐下了，就這樣吧。」王石板著臉說：「那不行，你們要吃就吃，我走。」王石對自己非常負責任，時時管理自己。普通人這樣也行，那樣也行，而王石是說一不二，原則性非常強。所以萬科在他的帶領下，管理得非常好。

管理自己其實就是一種自律，為達到一個目標，頑強地約束自己，把有限的資源聚焦在一個點，同時讓組織能夠跟著自己，一起朝這個方向去行動。很多領導者之所以失敗，就是因為放縱了自己的欲望。

王石堅持原則、管理自己的欲望到什麼程度呢？我聽他講過一件事。曾經有一個跟他一起做生意的朋友，在北京拿了一個批文，然後非得讓王石去做這個貿易，但王石之前已經決定，公司不做這種業務了。那個人就拚命求，最後居然都跪下了，但王石仍然堅絕不做，後來這個人因此跟他翻臉了。

過去，我們總以為偉大就是領導別人，這其實是錯的。當你不能管理自己的時候，你便失去了領導別人的資格和能力，也就是說，你的正當性就沒有了。

當一個人走向偉大的時候，千萬先把自己管理好，管理好自己的金錢，管理好周邊的人脈，管理好社會關係，也管理好自己的日常行為。當你管理好自己，能自律、能守法，有願景、有目標，那麼很多美德也就隨之而來，一定也會有人跟隨你。有人跟隨，組織的力量就變大了。當你有了這樣一種管理自己的能力，你才能取得當領導者的資格，並且成為組織中最好的一員。大家信任你，就敢把命運寄託在你身上，跟隨你、支持你。等大家都信任你，願意接受你領導之後，你才能真正成為一個合格的領導者。

這件事我們也可以換一個角度說，做領導者有三件事最重要。

第一，你給大家一個方向感。你往那裡一坐，你告訴大家未來在哪、我們要去哪，大家立即心明眼亮，並且信服，願意跟著你走，這叫「指方向」，或者叫「指道」。

第二，「扛事」，實際上就是執行力，能把所有的難題一一化解。你得有力量帶著大家解決難題，克服困難，扎扎實實往前走，這就叫「扛事」。無事不惹事，有事不怕事，這就是當領導者要扛事。

第三，要買單，買單就意味著犧牲，犧牲就是負責任。萬一失敗了公司要賠錢，賠得傾家蕩產，那你當領導者，當大哥，就一定要全部買單到底。

指道、扛事、買單，這就是當領導者必須做好的三件事。沒有這個決心，你就當不好領導者。當大哥要買一切的單，哪怕公司破產了，債務要清償，也要一直買單，直到耗盡最後一分錢。沒有犧牲精神、買單到底的精神，沒有承擔風險的能力，就幹不了企業家，就當不了好領導者。這就是為什麼現在很多創業者半路都繞回來了，因為太可怕了，他覺得太辛苦，最後還要買單，太委屈，所以就不幹了。

一般的創業者，三五年就垮掉了，垮掉的人多數也就放棄了或者後悔了，這就不是一個好領導者。我們公司也有員工出去創業，然後沒有賺到錢，回到家裡跟老婆要錢，說公司要清算，還有員工沒有發薪資，怕員工來鬧，不僅要正常的薪資、五險[4]，還要賠償。這時候老婆就不幹了，甚至說要離婚。然後這個員工沒有辦法就出來借錢，可是借了一圈，多數人也沒有借給他什麼錢，他很絕望，就想把房子賣了把錢還清，可是老

4 中國勞工所享有之社會保險的俗稱，指養老保險、醫療保險、工傷保險、失業保險、生育保險。

婆更急了，說你敢賣，我們馬上散，最後沒辦法，這個人就轉彎回去當老賴[5]。手下的人，補償、薪資就沒有給，一直拖著，雖然就三五個人，但是不時有人跟他鬧或者提出仲裁這些事，最後搞得很難堪。

後來有一次我碰到他，就跟他聊這件事。他說：「董事長，我忘了創業還有最終買單這個說法，我光知道創業好像很厲害，我根本不知道破產、失敗了，當領導者要買這麼多單，而且所有單都要買，還逼著我差點離了婚。」

所以說，企業家是一個為別人的需求去追求夢想、不斷滿足市場需求的責任承擔者。一個創業者如果想變成企業家、好的領導者，就得是一個風險承擔者，也是最後買單到底的人。

創業這件事不容易，也正因為這樣，企業家精神才彌足珍貴，值得大家去尊重。

5 失信被執行人的俗稱。

08 合夥人困境：如何處理能共苦不能同甘

在創業的過程中，「合夥人」是躲不過去的一個詞。隨著各種有關公司法律的完善，合夥人制度是創業公司非常重要的支持和保障。

中國在一九九三年頒布《中華人民共和國公司法》之前，大家完全沒有合夥的概念，有的只是一起努力的願望、一起奮鬥的雄心，還有一些打拚的激情。但是在利益、困難、糾紛面前，這些激情就像雞蛋碰上了石頭，碎了一地。

大概是在十幾年前的一個早上，天還沒有亮，我就接到一通非常急的電話，電話那頭說：「馮哥不好了，出事了。」

我：「什麼事？」

對方：「我們大哥昨天後半夜被人搶走了。」

我：「什麼人？」

對方：「都是穿制服的人，現在我們大哥人也不知道去哪了，到處都找不到。」

我：「打過電話給他了嗎？」

對方：「去他家了，看過了，他的電話在桌上沒拿走。」

我：「開車了嗎？」

對方：「車還在，但人不在了，車門都沒關。」

我：「那能到哪去呢？你們趕緊找一下，看是什麼人帶走的，然後再打給我。」

大概又過了幾個鐘頭，天邊已經露出了魚肚白，電話又響了。對方說，馮哥查到了，是被某市的一個公安帶走了。於是，我們就開始四處打電話找人，終於透過朋友找到了一個鐵路乘警，在火車上找到了這個大哥，我們暫且稱他為N大哥。我們託人在火車站守著，看著公安把人帶下來，然後又帶到哪去，關到哪，辦了什麼手續，全部弄清楚。

天一亮，我就和另外兩個朋友直接撲到了這個城市，找到相關的負責人，告訴他們這純屬個人恩怨，並不涉及真正的違法犯罪，希望有關部門能夠在走完程序之後，盡快把人放了。在那位負責人面前，我把N先生和H先生的故事講了一遍。他們當時如何滿懷激情從體制內出來，如何一起創辦公司，在遇到困難和利益分配的時候又如何起了爭執，幾年間兩人又如何互不相讓，以至於最後大打出手，在江湖上形成了一次次的恩怨風波。

負責人了解這些情況後，就讓相關部門做了調查，確認這件事情不涉及經濟犯罪之後，就把N先生放出來了。

出來的時候，我問他：「怎麼回事？你們打架，打到這了還沒打完？」

N先生：「這事肯定沒完，今天他把我給整了，我這剩下的半輩子都得跟他去鬧，絕不能放過他。」

我：「不能再這樣了，你們見面談一談，公司已經垮了，錢的事總能算清楚的，大家就此了斷恩怨吧。」

N先生：「不行，我先歇一下，另外找日子再跟你聊。」於是他回到了西部那個城市。

無獨有偶，大概過了半個月時間，我在一家咖啡廳約人談事，起身要離開的時候，突然被叫住了。

我一看，正是H先生。我馬上想起之前的那件事，正想問他跟N先生的過節現在發展到什麼程度了，是不是就這樣算了，沒想到他先開口了：「你管閒事幹什麼？我這輩子就幹一件事，就是非把他弄進去不可。這是我倆的事，你別再管了。」

我：「你們都已經這樣七八年了，能不能大家坐下來談談，把帳算清楚？如果無法在一起做事，那就各做各的，也不枉當時一段激情歲月。大家留一個好的回憶。」

H先生紅著臉，梗著脖子，堅絕不同意。後來我就沒有再看到過H先生，只是聽說他為了找到N先生花了很多精力和錢財，公司也顧不上了，家庭也不管了，就是要把N先生置之死地而後快，但也把自己折磨得很慘，幾乎傾家蕩產。

又過了不久，我去了N先生所在的那個西部城市，N先生比原先謹慎了很多，情況也比H先生好很多。他的產業還是做得很大，有房地產、金融等等。有一次，他帶我去看了他的一個大型房地產項目之後，一邊吃夜宵一邊聊天。

我：「你跟H先生的糾紛什麼時候才能了結呢？最好你們能面對面再談一下，或者透過中間人調停一下。」

N先生：「我是想跟他好好談來著，但是他就像走火入魔一樣，對我不依不饒，已經把我弄進去兩次了，搞得現在我也恨不得把他弄進去。但是我比他要稍微冷靜一點，所以我只是躲在這而已。」

我：「你在這裡如此高調、張揚，這哪叫躲啊？這不是招人、招事、招禍嗎？」

N先生：「你說得也有道理，我考慮考慮。」

一晃又過去了好多年，我跟N先生也逐漸失去了聯繫，等有機會再去那個城市的時候，我便託人打聽他的消息，想知道他怎麼樣了。朋友告訴我，他現在真的躲起來了，電話也換了，跟以前的人都不聯繫了。

我：「那能躲到哪去呢？大樓、夜總會、餐廳，那麼多場子還在，人就消失了嗎？」

朋友：「真的消失了，這些東西他早就賣了。」

我：「他總得喘氣，總得見朋友，火葬場沒紀錄？公安局沒紀錄？」

朋友：「不好意思，馮哥，這次真的找不著了。」

後來H先生那邊的消息也漸漸少了，他們的故事似乎就結束了。有一天，我偶然在北京碰到了N先生的一個朋友，於是就問N先生現在的下落。他告訴我N先生現在可厲害了，為了躲H先生，N先生賣光了產業，拿著錢雲遊四方去了。結果因禍得福，因此收藏了很多重要的古董，這些東西可比房地產都值錢，現在應該已經很逍遙地享受著他的自由，同時很安全地擁有他的財富，只是和過去的老朋友都不聯繫了，沒人知道他在哪。正因為斷了聯繫，才斷了他原來的那些是非。

這時候我終於明白了，原來「躲」的學問在於了斷是非，就是把自己和原來的社會關係明確地切割開來，從過去的是非中逃出來，去一個新的環境，開始另一種人生。

很多人之所以躲不開，是因為沒有了斷是非，心裡還有舊人，偶爾回頭看了一眼，結果就被弄死在裡面。類似的事在民國第一殺手王亞樵身上也發生過。他在躲避追殺的時候，因為放不下心上人，去和相好的女子會面，結果被戴笠抓住機會殺死了。

N先生深知躲之三昧，這一躲就是十幾年，兩人的恩怨也應該煙消雲散了吧。

N先生的結局雖然很不錯，但這樣一個拆夥的故事，其實是民營企業創業和發展中的一種悲劇。

我們設想，如果能有一個很好的法律環境，那麼當創業夥伴產生分歧的時候，就能夠在法律給出的遊戲規則下，心平氣和地分手，理性地分家，而且還能各自去尋找新的天地，N先生和H先生的故事就可以不再重演。這樣一來，拆夥就不是死而是生，不是停滯而是進步，不是一種令人窒息的負能量，而是成指數倍增加的機會，是創業過程中一股積極的力量。

除了好的法律環境，好的拆夥也需要創業夥伴走出野蠻生長時期的局限，擺脫江湖規則的窠臼，具體來說就是我之前提到的「僵局規則」，用商人規則來解決生意人之間的矛盾，以江湖方式進入，商人方式退出，按照出價規則談好價錢，把僵局變成和局，變成順局，變成發展之局。

合夥人之間當然還會有很多具體的遊戲規則，除了我們自己的性格、願望以外，我們更應該遵守法律和我們約定的整套遊戲規則。同時加進我們的智慧，在股權的表決、財富的分配、合夥人的退出和加入、新增合夥人的權利表決等，這些相對技術性的方面也要做好，而且要履行必要的法律手續，才能確保合夥人之間合則兩利，散則兩全。

09 辛德勒悖論：最後幫你的通常不是所謂的「好人」

有時候，最終能幫到你甚至挽救你命運的人，並不是通常意義上的「好人」。也就是說，當一個人身上出現激烈衝突，甚至是完全相反的兩種道德、行為的時候，就出現了我說的辛德勒悖論。好人是好人嗎？壞人是壞人嗎？好人怎麼又是壞人？壞人怎麼又是好人？

幾年前我去了一趟波蘭，由於《辛德勒的名單》這部電影廣為流傳，所以我一直有個想法，要去看一下辛德勒的工廠。

在電影裡，當年德國占領波蘭，進駐克拉科夫之後，辛德勒掠奪了當地一家琺瑯工廠，請了一個猶太人會計來幫忙做帳，逼迫猶太人出錢投資，同時又招了很多猶太人來生產臉盆、飯盒之類的東西。琺瑯工廠的生產環境很嘈雜，氣溫非常高，這些猶太工人相當於辛德勒的奴隸，每天超負荷地工作，又沒有多少工錢。這就大大降低了生產的成本。然後辛德勒把這些低成本製造的東西，高價賣給戰時的德軍，賺了很多錢。辛德勒最大的能力或者說才華，其實就是搞定人。他透過行賄搞定黨衛軍、納粹，以及當地一些有勢力的人，把各方面都打點得非常好，所以工廠也辦得順風順水。

就在這個時候，德軍採取了一個非常措施，把克拉科夫當時九十五%的猶太人都關進了隔離區。德軍不僅掠奪他們的財物，還對他們進行屠殺，最後還把他們的圓形墓碑作為隔離區的牆，以此來羞辱他們。

這個隔離區離辛德勒的工廠只有幾百公尺，所以辛德勒慢慢發現，猶太人不僅在隔離區中被濫殺，還有一批一批的猶太人被拉到不遠處的奧斯維辛集中營去屠殺。德軍持續四年使用工業化的方法來屠殺猶太人，這種方法殘酷得令人髮指。他們拿走猶太人的金牙、鞋子，把他們的頭髮剪下來，運回德國製成麻布，作為商品售賣，最後還把他們的骨灰做成化肥，把人當成原料。

這種殘暴的行為使辛德勒的人性突然復甦了。他對猶太人產生了巨大的同情，於是他做了一個決定，保護他能保護的猶太人，特別是在他工廠裡面工作的猶太人。正像電影中所表現的那樣，這個過程非常驚心動魄。比如說，已經有一批工廠內的猶太人被拉到了集中營裡，辛德勒用大量的金錢搞定了集中營的頭目和黨衛軍。如果再晚一步，這些人就要被送進毒氣室了，辛德勒保全了他工廠中的大部分猶太人。

但是，他還想保護更多的猶太人。由於他的工廠比較小，只能容納幾百人，於是他向德軍要求，工廠要擴大生產，不僅要為德軍生產琺瑯用品，還要生產槍械、子彈、炮彈，申請一個特殊政策，德軍可以把工廠當成一個集中營的分營，把猶太人關在裡面從事生產，不讓他們出去。但是任何人都不能進來，包括黨衛軍。而辛德勒並沒有生產槍械的經驗，所以他在審批通過後，做了一個假工廠，自己花錢去外面買槍械來充數，就這樣，他把工廠變成了一個保護猶太人的特殊場所。

一九四五年蘇軍進攻波蘭，打敗了納粹。這一天，辛德勒對工人說，從明天開始，你們就可以出去找你們的親人了。因為我是納粹，是戰犯，而且在戰爭期間我還做了很多違法的事，所以我必須離開。在場所有的猶太人都非常感動，其中一些人把自己的金牙熔成一枚戒指送給了辛德勒，並用希伯來文在上面刻了一句話：「救一個人就是救世界。」

戰爭結束後，這些猶太人專門寫了一封聯名信，來證明辛德勒在戰爭期間對他們的保護。而且，證明辛德勒保護的不僅僅是他們的生命，還有他們的尊嚴，這封信使辛德勒戰後免於刑罰。還有很多人在戰後跟他保持聯繫。辛德勒去世以後，就埋葬在以色列，這些猶太人的後人每年都會去他的墓前紀念他。這是電影中呈現給我們的辛德勒。

實際上，他是一個什麼樣的人呢？其實按照我們現在的價值觀來說，他是一個極有爭議的人。他的私生活不檢點，還把老婆拋在異國，工作上他拿錢搞定人，靠投機取巧賺錢。戰後他又故態複萌，胡吃亂嫖，把生意也搞砸了，窮困潦倒，有時候他還要靠他救過的猶太人來接濟，最後就這樣完結了他的一生。

辛德勒在死以前，把他這一生的檔案放在一個小皮箱裡。後來這個皮箱被人發現，他的故事被寫成了小說，史蒂芬．史匹柏就是根據這本小說拍成了《辛德勒的名單》。

辛德勒的工廠現在變成了一個紀念館，是克拉科夫一個重要的歷史遺存。我在那個紀念館裡待了一天，反覆在想一件事：他道德有瑕疵，不擇手段地斂財，同時參加過納粹，幹了很多壞事。他怎麼就突然人性覺醒，願意散盡自己的全部財產來保護這些猶太人的生命呢？是什麼促使他突然完成了轉換？

我認為，正因為他是一個「壞」人，所以他才會產生這種轉變，而且能夠想出解救這些猶太人的方法。如果是個好人，他就不會有這麼多辦法來解決問題。因為普通的好人是循規蹈矩的，即使覺醒了也沒有這個勇氣，也沒有這樣的能力。如果辛德勒是一個標準的納粹黨員，平時照顧家庭，對孩子負責，對自己嚴格要求，百分之百地信服納粹的主張和宣傳，反而很難有這樣的轉變。

後來我又想到，其實我自己也碰到過這樣的事情。我剛下海做生意的時候，有段時間很落魄，連一張回北京的火車票都買不起。於是我就向一個機關裡的幹部借錢，這個幹部大家都認為他是好人，當然我也認為他是好人，以為好人一定會在這個時候幫你。遺憾的是，我見到他，他不僅不願意借錢給我，而且還躲著我，因為在那個特定的年代，他認為我是壞人。

走投無路的我後來又碰上了另外一個人。這個人來找我，他不知道我已經落魄了。因為之前我在那個單位收到過舉報信，舉報這個人是壞人，而且我還查過他，所以我這個時候見到他，不太想搭理他。

但實在是因為落魄沒有辦法，所以就順便提了一下，說你能不能借我點錢？結果這個人很痛快，說你明天來拿吧。第二天下午，他借給我三百塊人民幣，我想寫個借據，他說不用了，在我的堅持下，他說行，那你就寫吧，以後我沒飯吃的時候再找你。

後來我一直在想，為什麼這個大家公認的壞人，不僅沒有歧視我，而且還能幫助我？而那些所謂的標準下的好人，卻會在關鍵的時候袖手旁觀，甚至加害我？

其實做一個普通人就好，有自己獨立的判斷，還有一些小缺點，但這些缺點並不會妨礙他成為一個在特定環境下令人尊敬的人。辛德勒給我們的啟發值得我們長久地回味，而二戰期間的猶太人的歷史，更是一段值得我們不斷去反思的歷史。

10 週期率魔咒：如何實現企業持續發展

在中國幾千年的封建社會當中，曾經有這樣一個規律：一次農民起義，殺了無數人，然後首領取得了政權，登上了皇位。坐穩龍椅之後，他必然會幹勁十足、與民休息、輕傜薄賦，為社會經濟發展創造很大空間。

經過幾代人的努力，等社會發展到一定程度，就會出現豪強兼併、外戚專權，或者後宮禍亂，爆發繼承性危機。出現危機時，一般都會有一個超級強人出現，經過一番努力，最終成為至高無上的中興皇帝。

再經過幾代人的演變，又會出現尾大不掉的局面，後宮多、子嗣多，這些人禍亂宮廷，加上社會矛盾、封疆大吏的野心，演化出新的社會動盪、戰爭、互相絞殺，於是又有一次新的農民起義趁機冒了出來，又出現一個強者。血流成河之後，社會最終又回歸於正常，而這個新的皇上，又會變成下一個太祖、高祖，重複著前朝的故事。

這種治亂興衰的故事演變，我們通常會把它理解成一種週期率。漢朝的高祖皇帝和光武帝、唐朝的太祖和唐憲宗，以及清朝的太祖和後來中興的皇帝，都未能脫此窠臼。某種意義上而言，中國的封建社會史就是這樣一部不斷循環往復的歷史，這種皇朝的治亂興衰規律，就是中國封建社會歷史發展的週期律。

與封建朝廷的週期律相呼應的，江湖上其實也有一套自己的週期律，它在很多影視作品，尤其是香港的江湖片中，展示得非常清晰。無論是《縱橫四海》，還是《跛豪》，又或者是《古惑仔》，一代又一代的江湖電影，講的都是這樣的主題。

老一代的大佬年歲漸長，有家眷之累，又有生計上的壓力，身體也逐漸衰老，他們無法繼續在一線衝，喊打喊殺，於是過起了半正常的生活，甚至退到街角一隅，喝茶、抽煙、鬥嘴、打麻將，或者守著自己的小女人，過著猥瑣而可憐的日子。當他們的生活慢慢安定，和那些刀光劍影漸行漸遠之後，突然又遇到一些衝突或打鬥，特別是面對一些更年輕的愣頭小夥子，比如街頭的新生英雄。他們總會感嘆世道變了，年輕的一代心太狠、手太辣，一點都不講江湖道義，對老人更不尊重，全然不顧破壞了江湖秩序。

老江湖所說的江湖秩序，實際上只是對他們自己有利，因為這種秩序是他們在早年的生活環境中自己創造的規則。在他們二十多歲的時候，當他們挑起事端抄起傢伙，和上一代拚死拚活搶地盤、好勇鬥狠的時候，他們從來沒有想過，自己正破壞著上一代人的秩序，而在那些上一代的人眼裡，他們也曾是不講道義、不守規矩的一幫混小子。

所謂的江湖遊戲規則，從來都是新的戰勝舊的，新的一代只有更狠才有機會出頭，不光是在早期的中國，西方的黑社會和江湖其實也是這樣，比如《教父》、《四海兄弟》裡所演的，新一代要想冒出來，只有比上一代更狠，他們生存發展的力量才能超過保守的力量，成為又一個時代的強者，完成代際更替，延續又一個時代的江湖。這種不斷產生大哥的更替，就叫作「江湖的週期率」。

我們考察歷史和江湖的規律會發現，封建王朝和江湖大哥都沒有擺脫「其興也勃焉，其亡也忽焉」的命運。無論是江湖還是朝廷，要打破這種週期率，首先需要秩序，而最有效地建立秩序的方法，就是要建立法制體系。

如果所有人都遵守一套共同的遊戲規則，那麼無論新一代怎樣成長，都不會出現老一代的垂死悲鳴和無奈掙扎。有了法制，老一代不必披上舊時的戰衣去對抗新一代的到來，新一代也不需要透過殺伐打鬥、陰謀詭計去殘忍地剝奪老一代的尊嚴，不需要用鮮血祭奠自己的權力。新一代和老一代將能和平地更替、共存、共融，互相滋養、共同成長，使社會經濟能夠連續不斷地正向累積，不光是財富的累積，還有文明的累積、情感的累積、價值觀的累積以及國民精神的累積。

當人們都生活在健全的法制社會裡，這種江湖和朝廷的週期率才會失去存在的土壤，那些殘忍血腥的事情才會只存在於傳說中漸漸遠去。

在考察封建王朝和江湖大哥的週期率時，我又想到了另外一個話題：企業有沒有週期率？

最近這幾年，我們常常聽到一些企業家說，要把自己的公司辦成百年老店。我們知道中國現在是全球創業企業最多的國家，每天都有一萬多家新企業誕生，但每年又有兩百多萬家企業破產。新成立的企業中，超過九十％的企業活不過兩年，別說百年老店了，成為十年老店都不是一件容易的事。活下來的企業，如何能夠活得更長久，從而避免走上「週期率魔咒」呢？

首先一點：初心要正。起步的價值觀對了，最後的結局才是對的。

在創業當中，起點的信仰很重要，有很多民營企業家最終成了「兩院院士」，不是醫院，就是法院，這是一個殘酷的現實。他們三十年前開始創業，最後的結局竟然是這樣的。但我們不應該為此感到悲傷和喪失勇氣。更重要的是尋找一個答案：要把握住哪些事情才不至於有這樣的結果？

其實，只要價值觀對了，就絕對能活下來。雖然不能保證你一定賺錢發財，但能保證你的安全。價值觀非常簡單，比如做人要誠實、善良，在任何法律模糊的地帶都能守住基本的底線，遵紀守法，等等。我們曾提出要「守正出奇」，其中的守正就是九十%的事盡量不變通，少數事偶爾變通。

堅持正確的價值觀，可能會少賺很多當下的錢，但可以躲過很多的風險。比如我們之前曾經有一個合作的專案要談，由於有和我們價值觀完全對立的一些風險，於是決定不做。最後避開了很大的麻煩，對方也被繩之以法。事過之後我們都很慶幸，想想覺得堅持自己的原則是對的，否則後果不堪設想。這個故事也啟發了我們，遇到再複雜的事情都要警覺，要堅持做好人的價值觀，才能避開暗流和漩渦，秉持正確的價值觀不一定能賺錢，但能保持善終。其次，在這個過程中，任何一家企業都會面臨人員更新的問題。如果按照人的代際來說，二十年算一代，那麼公司到二十年、二十五年的時候就會出現整體老化。在這個時候，就需要重新審視業務，也要考慮轉型換代的事情，這是所有公司都會面臨的問題。就像一座房子住了二十年要重新裝修一下、家具挪一下，企業超過二十年，往往面臨重組、更新、代際更替等重大的選擇問題。

但是怎麼重組？不同的企業有不同的做法，我認為適應未來公司規模的方式一定是特種作戰的一種組織形式，也就是千萬不要再去做一個超級金字塔式的大組織，而是應該做一個小組織。這個小組織在大後臺的支撐下，才能夠有效率。這就是特種作戰的一種組織模式。這幾年我們也把公司變成了小組織，所以才能夠實現「小組織自驅動，低成本高回報」，效率提高了，團隊也高興，發展的速度就比以前要快。

在平衡代際關係時，同時也要平衡控制、效率和正義之間的關係。一個組織如果只強調控制，那麼會犧牲效率，也會傷害到正義，也就是公平。如果一味地講效率，忽略了公平，那麼組織就會渙散，控制就會變成徒有形式，而且最終組織會崩潰。

一個企業要避開週期率，要持續地增長，就必須特別重視、平衡好這三者之間的關係。必須在適度的控制下把它變成一種規則，然後用正當的激勵讓組織有效率，同時在利益分配當中保持公平，在道義、情感上保持公平。這些也是能夠克服週期率的法寶。

當然，在整個過程中，我們都要有很好的學習精神和自我調適的能力，創業就是一個不斷地遭遇挫折和問題，然後解決問題再重新出發的過程，只要你不放棄，就得自我學習，自我調整。這個調整的過程就是學習、更新、反省、再生的過程。只要學習能力超強，不斷地調整更新，就能夠在環境的不斷變換中立於不敗之地，打破你個人的局限，同時超越週期、跨過週期、戰勝週期。

第二部分

商業的底層邏輯

11 市場是有腿的，錢也是會跑的

市場究竟有多聰明？我們能做的事，究竟有沒有邊界？市場的方法和計劃調控的方法哪個好？兩個方法能產生怎樣不同的結果？如果把它們配合起來，是不是效益會最大化？我們的創新有多少領域？換句話說，我們可以無限地創新嗎？我們的創新是不是也可以不受限制？

想起我過去的一些經歷，有三件事特別有意思。

第一件事，大家知道賓拉登是美國在「九一一」之後全力通緝的恐怖分子。用小布希的話來說，就是「活要見人，死要見屍」。美國懸賞了五千萬美元，要賓拉登的人頭。賓拉登一直都躲著，東躲西藏躲了將近十年。賓拉登害怕的是誰呢？其實他並不害怕美國的正規部隊、軍人，甚至特種部隊。說起來也挺奇怪，賓拉登最害怕的是一種叫「賞金獵人」的民間力量。

什麼叫賞金獵人呢？在美國，為了要補充打擊賓拉登的正規軍事力量，他們專門懸賞一部分過去在戰爭中有經驗的特種部隊退伍戰士，或者是老員警。這些人有經驗，有持槍的牌照。在政府備案以後，政府允許他們去抓賓拉登，對於這些人來說，他一輩子能夠有五千萬美元收入的機會，恐怕就這一次。所以他們非常玩命地把自己裝扮成本地人。餐風露宿、嚴寒酷暑都不是問題，他們極其節省，因為所有的費用都是自己出的，政府是不會給差旅費的。只要抓到了賓拉登，那所有的收入都是自己的，而且還免稅。這幫退伍的特種兵，還有一些老員警，甚至帶著兒子、兄弟，組成父子檔、兄弟檔。他們在阿富汗的山裡到處鑽，在巴基斯坦和阿富汗邊境上到處竄。

有一個電影就專門演這個。當有消息知道賓拉登大概藏在某一個村子裡的時候，特種部隊和賞金獵人都搶著上，於是就起了爭執。最後大家達成一個默契：前面這波讓特種部隊打，最關鍵要抓人的時候，由賞金獵人上，也就是把賺錢的機會留給民間。

這是電影裡演的一個情節，但也告訴我們：哪怕像抓逃犯這麼複雜的一件事，市場機制也在起作用。五千萬美元作為賞金，就是一個固定的市場規模，只要你去幹，抓到賓拉登，你就可以有這個收益，所以一樣會刺激這些有特殊技能的人投身到競爭當中，甚至是跟特種部隊去競爭。這讓我們看到，市場真的挺神奇的，會有一種特別的力量，調動出一些特別的因素，解決一些特別的難題。

第二件事，我記得是在美國中北部偏東。我到過一個小城市，在印第安納，冬天時雪可能會下得非常大。有一次我們開車到住的地方，朋友提醒要小心停車。為什麼？他說這兩天拖車公司生意特別好。我就很納悶，這跟拖車生意有什麼關係呢？事實上，因為每到大雪季節，政府就會發放牌照給兩家公司。

每年在這個季節，違反交通規則的人會比平時多。人多了，罰款就會增加，也就是說，如果把罰款看成一個市場的話，這個市場的容量就會擴大。而這個時候，政府如果增加編制，等過了這個季節，這些人怎麼辦呢？又不能馬上把他炒掉。於是政府就想出一個辦法，不增加編制、不增加人、不增加設備、不增加預算，而是把罰款這個市場交給民間來解決。也就是發兩個牌照，允許兩家私人公司去抓這些亂停車的人。抓到以後，只要取得證據，就可以罰款。既解決了亂停車的問題，這兩家私人公司也能拿到一部分收益。但是又要防止這兩個私人公司辦事出現問題，比如說抓錯了怎麼辦？或者說沒事找事，那也不行，法律上也有約束。如果你抓錯了，停車的人就可以起訴你，也可能你一個冬季本來指望賺的錢全賠進去還不夠，就破產了，第二年這個生意也就不會給你了。

正因為這樣，抓亂停車的公司就特別謹慎，每看到一輛車停錯，他們都要三百六十度拍照，取證非常嚴謹，甚至比一般的員警還要認真，因為他們怕破產，怕沒生意。兩家公司又競爭，都不敢亂來。這樣一來，政府沒有增加預算，又抑制了亂停車的行為。

這也是用市場的機制來解決問題的故事，同樣說明市場的神奇力量。

第三件事，是在早先，大概七、八年前的時候，總會聽到索馬利亞海盜的消息。大家或許也看過一部電影，講索馬利亞海盜的故事，船長如何被海盜綁架，特種部隊又是怎麼跟海盜激戰，最後救出了船長。

大家都會講，海盜在索馬利亞外海這麼猖獗，我們應該派部隊去啊。是的，我們國家也派了部隊去，然後各國海軍經常在那裡遊弋，時不時就會開槍、開炮，來震懾這些海盜。即使這樣，效果也有限，因為拿大炮打蚊子這種事的成本太高了。那世界各國最後怎麼解決這個問題呢？還是用商業的方法，請私人的海上護航公司來進行反海盜和打海盜的工作。

我在英國碰到過全球防海盜、打海盜最大的一家公司的老闆，他說全世界關於打海盜、防海盜、反海盜這個市場，大概也就五、六千萬美元。依據海盜出沒的季節、危害的大小以及商船的頻率，決定每一次護航的價格是多少。亞丁灣的海盜最猖獗的時候，每一次單次護航就要收七、八萬美元。現在消停了，安定了，價格就大大降低。當然，很多公司加入也是競爭因素之一。目前，從亞丁灣這邊走商船，每一次的護航費用已經降到兩萬美元以下。而最近幾年，隨著奈及利亞沿海的海盜開始活躍，據說這個地方的護航費用又開始上升，大概一個航次要三萬到五萬美元。

打擊海盜最有效的途徑就是要靠商業力量，靠護航公司。怎麼解決呢？有簡單的方法，也有複雜的方法。比如配備一些經過專業訓練的人，帶著武器上船，以對付那些拿著簡單的武器，甚至沒有武器的海盜。更簡單、便宜的方法，就是把船舷加高，甚至在船舷上面做一些電網、鐵絲網，讓海盜沒有裝備上不來。無論如何，用的都是商業的方法。

類似的私人公司，在過去一百年中，都有很好的發展。除了反海盜以外，各式各樣的安全問題也都用商業的方法來解決。美國這樣的公司有四萬多家，從業人員也有上百萬。每年的市場開支也有兩百多億美元。英國這個行業發展得也非常好，最大的一家，也是全球居首的公司，年收入有一百二十億美元。

這些故事實際上都說明一件事，即我們常以為只有政府才能解決問題，但市場也具備同等效能。無論是抓賓拉登還是打海盜，市場都有它獨特的本事，能激發出專業的人，用專業的方法，以民間分擔成本的方式，來解決重要的社會問題，甚至是政府難題。

我們常說，市場是有腿的，錢也是會跑的。錢跑哪去了？跑到那些有需求的地方去，市場的自由度就是這個意思。哪裡有需求，哪裡就會出現有意思的產品和服務，市場的自由度就大，像鏢局啊、私人保鑣啊、保安啊，以前我們認為供求關係不是那麼明顯，甚至是市場不會提供自由流動的機會，現在來看並非如此，市場無形中就流動和擴大了。

在日常生活和各種生意當中，我們應該堅信，跟著市場走，跟著錢跑，在規則範圍內跑得快，機會就多。我們要借助市場神奇的力量，發現機會，創新產品，提供更多的服務，發展企業，也解決社會問題。這就是市場神奇的魅力。

12

「狗蛋式創業」和「職業運動員式創業」

前段時間，我看了一部電影叫《燃點》，講的是一群創業者的故事。它不是通常意義上的劇情片，不到兩個小時的時間裡，它拍了十四個創業者，把每個人的創業和生活中的側面剪輯出來，做成了類似紀錄敘事的片子，但又不完全是紀錄片，大部分時間還是創業者自己在口述，所以很多網友調侃說，自己花了一張電影票的錢去看了一場創業者聯播。

話雖如此，我看完還是挺有感觸的。因為我自己就是一個創業快三十年的人，直到現在還在努力著。這十四個人的年紀都不算大，二、三十歲的人居多。從他們身上，我觀察到現在創業的這一代人和我們這一代人有著明顯不同。由此我想到了兩種創業模式的差別。

我們的創業，就是在體制內待了一段時間就出來，兩手空空跑到了海南，借了一筆錢開始創公司。那是什麼時間呢？一九九一年。比中國第一部《中華人民共和國公司法》頒布還早兩年，也就是說，一九九三年才有《中華人民共和國公司法》，我們一九九一年就開始創公司。那個時候，大家頭腦裡對公司是個什麼東西、什麼叫創業、什麼叫商業模式，完全都是空白，腦子裡根本沒有這方面的知識。我們唯一知道的，就是想要努力，按照自己認為對的方式，去打拚出我們想要的天地。這就是我們早期創業時候的一個環境，不僅沒有法制的保證，而且面對的是一個「江湖」，沒有人知道該怎麼做，那是我們稱為「野蠻生長」的時代。

我把那時的創業，比作是「狗蛋式創業」，非常鄉土，完全沒規則。狗蛋是什麼人呢？就是村裡土生土長的一個小子，上房揭瓦、下河摸魚，什麼事都不按常規去做。但是東奔西跑，一會兒賣東西，一會兒開工廠。村裡人可能覺得這人不可靠，沒想到他居然成功了。這就叫「狗蛋式創業」。也就是說，在大環境都不確定的情況下，只能確定自己的價值觀與願景，只能確定自己想要幹什麼。只要這些是確定的，其實創業就已經開始了。並不需要很多客觀的資本條件，沒有股票市場，也沒有人來教你，單純靠一種衝動而已。這就是我們那個時代創業人面對的環境，也是最常見的一種生長模式。

我們也是幸運的。一九九三年《中華人民共和國公司法》頒布了。市場有法律保障，且越來越完備。從一九九三年到現在，全國頒布了多個和賺錢有關的法律法規，已經把賺錢這件事規範得像參加奧運的標準運動一樣。創業的過程就像在一個大型的運動會，你選擇什麼項目，也就是說選擇哪個行業、哪條賽道，只要按照規則去跑，就有可能或者說是必須從「狗蛋」變成專業運動員，在公開透明的場合進行專業比賽。這時候的創業也就不是「狗蛋式創業」了，而是「職業運動員式創業」。

《燃點》這個電影講的很多創業故事，其實都是「職業運動員式創業」。最年輕的才二、三十歲，比如大家都很熟悉的Papi醬。還有一些四十多歲的人、小有成就的人，還在繼續努力，比如獵豹移動的老闆傅盛、錘子科技的創始人羅永浩，以及曾經有過一些創業經歷，現在已經「上岸」開始做投資的人，比如經緯中國的張穎和真格基金的徐小平。

他們中的絕大多數，從創業一開始，走的就是「職業運動員式創業」這條路。有標準的商業模式，有標準的資本市場、投資人，也有投行服務，還有整個商學院教的一整套話語體系和團隊，幫助自己完成一個相對「標準動作」下的創業模式。

如果我們今天來比較一下「狗蛋式創業」和「職業運動員式創業」，誰優誰劣呢？其實不好比。從難易程度上來說，沒有哪個比較簡單。反而有一個共同點，就是創業很艱難、很麻煩。

打個比方來說，「狗蛋式創業」好比是自己瞎摸索，划著船出海，四周白茫茫一片，看似天地廣闊，自己什麼都能做，實際上，要做的事情只有兩樣：第一就是活著回到岸上，第二就是撈點什麼，不至於空手而歸。越是自由空間可以隨意選擇，越是不自由。因為選擇就意味著放棄，自由就意味著枷鎖。在充分自由的天地當中，每一次選擇的失敗，你必須承擔結果，這個時候你會更謹慎，而不是說更放開。對於「狗蛋式創業」的人來說，約束條件就是有限的資源和可能要承擔的無限連帶責任，以及失敗後的所有代價。正因為這樣，「狗蛋式創業」成功率也非常低。

為什麼即使這麼難，成功率這麼低，大環境瞬息萬變，「狗蛋」還要創業呢？這是由他們的價值觀決定的，也就是，他們自認為身上有某種信念，而且承擔了某種使命。這種使命讓他們有了自信，有了冒風險的勇氣，也有了往一個方向去堅持的動力和毅力。所以「狗蛋式創業」的過程中，個人的特徵、性格、力量、觀念、信仰，這些因素非常獨特。因此「狗蛋式創業」的人成功非常少，但是個人的性格特徵非常鮮明。

到了「職業運動員式創業」，就變成大家像運動員一樣，被喊在一起，槍聲一響，大家就往前跑。規則是清楚的，環境是透明的，競爭的人也是非常多的。在這個過程中，賽道實際上是變窄了，你必須全力奔跑，稍微鬆懈就可能落後一大截。

更殘酷的是，這個時代的頭部效應越來越明顯，民眾和資本的注意力，都只會集中在最靠前、最優秀的人和企業身上，也就是頭部身上。作為一個「職業運動員式創業者」，一旦跑起來，要麼扛住壓力，奔跑下去，直到贏者通吃，要麼半途而廢，什麼都得不到，歸零而已。

除了這種環境上的差別以外，我還從電影裡看到了其他不同。在「創業者」這個詞被普遍認可之前，大家經常說某某人是做買賣的。它們有何區別呢？其實做買賣是商業最本質的一種模式，就是買進賣出，低買高賣，透過價差來獲取利潤。

我們現在說的創業，實際上有兩種意思。一種是做交易，我們叫「套利型創業」。另外一種是一定要做出新的東西，比如新產品、新服務，我們把它叫作「創新型創業」。這兩種創業沒有高低之分，都是為社會財富的創造和分配做貢獻。

電影裡有一個小夥子叫安傳東，從河南農村考到了中國人民大學，然後開始創業，已經換了幾個方向，但一直不願意放棄這個想法。激勵著安傳東這個小夥子的，就是他渴望改變階層、地位、身分的這樣一種衝動。安傳東的創業初衷，其實代表著現在很大一部分創業者的心願。他們帶著對改變階層和追逐財富的強烈渴望，投入創業大潮中。

還有一部分人，他們有了一個喜歡的東西，想把它變成商品分享給他人，他就做了。這是一種偏好手藝帶來的創業。這類人的出發點很簡單，就是喜歡，就是對於新事物、新產品有無限多的力量。真正走上了創業這條路，會發現虎狼在前，一刻都不能停。創新也面臨巨大的自我挑戰和外部挑戰。

所以，「創新型創業」比「套利型創業」更不容易，但是價值更大。比如華為開發出5G的產品，這就叫「創新型創業」，它可能改變整個技術路線、產品應用以及消費形式、生活形態等等。創新是真正帶來文明的改變，也推動了整個人類物質世界和精神世界的進步。

創業就是這麼一件有魅力的事情。就像徐小平說的，這個時代的偶像英雄以及最風光的人，還是創業者。《燃點》只是一部電影，選了十四個創業者做了簡單的展示，我相信還有千千萬萬的創業者正在為自己的願景、理想、夢想而奮鬥著、摸索著。

希望大家一起加油。奔跑的時候別忘了思考，不管成敗都能對自己說一句：此生沒有虛度。

13 擁抱變化，告別平均數思維

很多人都說，打貿易戰了，經濟形勢不好了，做企業太困難了，但是從我自己近三十年的創業經歷來看，市場的變化是一個常態。政策、制度、市場、客戶需求，包括企業內部人員結構的變化，都是特別常態化的事情。

我研究過企業的死亡，只有四種死法。第一種是技術進步。原來用呼叫器，現在改用手機了。又比如以前用底片，現在改用數位相機。技術進步會淘汰掉一批企業。第二種是自然災害。突然地震了，小企業不買保險就死了。大企業保險公司都賠不起，比如之前講的，「九一一」事件後死了好多保險公司。戰爭、自然災害，這玩意兒沒有辦法避免。第三種是制度變革。比如說因為社會動盪，企業好好的卻突然就沒有了。第四種就是競爭策略出問題了。比如說人用錯了，資本市場上槓桿用大了，這屬於競爭問題。

第一種和第四種死法，屬於企業家的問題。也就是說，產品不更新是你企業家的事，競爭策略錯了是你企業家的問題，這些是我們自己能控制的。

第二種是因為自然災害，當然就要買保險。而第三種——社會制度變革，是企業家控制不了的，但是我可以預知變革而躲避風險。比如我在伊拉克創了一個企業，突然海珊要打仗了，我預知了風險，我跑到科威特，軍隊突然把科威特也占領了，我又跑到旁邊的沙烏地阿拉伯，那說不定就活下來了。不過這也是機率很小的事件，我們不能研究這種事。

所以，企業家只能從產品和競爭上下手。積極地在產品端下功夫——這個產品會不會被取代，企業是否能跟得上？接著是商業競爭戰略，槓桿用到適度。用小了，人家都快跑的時候，你就落後了；用大了，風向一轉，你就爆了。另外要管理好現金流，保證企業不死。

同時在持續發展中，去研究制度變革。不要往制度變革的坑裡跳。比如說一些制度環境、經營環境不好的地方，你就別去了，這是我們能做的，其他的事情不要去考慮。

有一次和吳伯凡[6]聊到「市場變化和市場機遇」這件事。吳伯凡把企業面對的因素

6《21世紀商業評論》發行人。

分為可抗力和不可抗力。他說，在歐美，特別關注的是技術和市場的不確定性；在中國，更關注的是政策的變化。

中國的政策和法律越來越完善，這是氣候條件的保證，對於企業家來說很重要。企業家如果說有手藝的話，最大的手藝就是感知。感知氣候的變化，然後調整自己的生存策略。

無論怎樣，市場永遠有機會。吳伯凡認為，所謂悲觀是建立在視野狹窄的基礎之上的。你看自然史或進化史，就會發現，任何一個災變，它對於一些物種是一場災難，對於另外的物種而言，就是機會。比如說小行星撞地球，恐龍滅絕，哺乳動物才真正出現。如果恐龍還統治世界的話，我們這些哺乳動物是不可能出生的，所以永遠有機會。

吳伯凡舉了一個例子。有一個線下家居連鎖品牌，從二〇一八年四月開第一家店，到二〇一九年年底，要開兩千家加盟店。為什麼它成長得這麼快？因為它是真的用心，用在很多人看不到的機會上。比如說貨架擺放。根據「黃金視線原理」，一般零售企業略低於視線的那一層貨架，創造的成效是最高的。但是這家店發現，很多人去賣場，是帶著小孩去的。小孩都看最底下的貨架，而且小孩眼睛尖，每次到了一個地方，看到新奇的就要往裡面衝。大人沒辦法就得跟著他去，所以這家店把貨架做了很好的設計。

除此之外，這家家居店還幫助客戶克服選擇障礙。也就是，任何一個產品只有兩種，它不讓你有更多的選擇，這個也是針對小孩的。選擇多了以後，小孩會特別茫然。大人其實也是這樣，選擇特別多的時候，興趣反而越來越低，最後就走了。而且在價格上，通常是客戶預期的二分之一或三分之一。這樣家具店做兩款產品，僅僅是顏色和款式上略有不同，很多人就想，算了，我也不知道買哪個好，價格也不貴，乾脆兩個都買了。所以這家的商品銷售基本上都是雙份的，規模就發展得特別快。

這家家具店，把兒童的行為考慮進去，還幫助客戶解決了購買過程中種種沒有被解決、被滿足的痛點，這就意味著永遠有機會。

這也讓我想到一件事情。一九九〇年代，我們第一次去華爾街跟黑石集團的人聊天。當時我們很年輕，覺得中國的機會很多，你們要再不來就沒有機會了。結果他們說了一句話：「對我們來說，永遠沒有遲到。」

為什麼呢？因為我們是創造機會的，不用你給我們機會，而是我們一出場，你才有機會。所以，市場永遠有機會，也永遠沒有遲到。對於一個有能力、有創造力、有影響力的人來說，什麼時候都是機會。因此，對目前眾多的企業家和企業而言，不要抱怨市場的變化，其實更應該看準機會，去發展自己的事業。

但是，「市場永遠有機會」這並不是對所有人說的。

平均數思維，實際上是吳伯凡提出的概念。他曾經講過一個故事。有個統計學家過一條河。這條河的平均深度是一百五十公分。他一想，我身高一百八十公分，是可以過去的，結果就被淹死了。反過來的例子也有。就是大家都覺得不好，或者大家都覺得好，跟你到底有多大關係？馬雲也說：「不是實體經濟不行了，是你的實體經濟不行了。」所以，做企業要告別平均數思維，你不要老按平均數來確定自己的行為。

其實現在在中國，創業進入了一個非常好的時代。在一九九三年之前，我們連《中華人民共和國公司法》都沒有。到現在，我們已經有了多項跟賺錢有關的法律法規。也就是說，我們現在市場的法律秩序的建設，處於歷史上最完備的一個時期，而且跟國際上的絕大部分遊戲規則是打通的。

我經常把創業比作運動會。曾經是狗蛋式，現在是職業運動員式。只有在規則完備的時候，才會願意培訓運動員。那麼，誰培訓運動員呢？就是給錢的人。他們賭運動員、賭馬，錢才會進來。錢進來以後，觀眾也才會買單，才去看運動會。所以，從這個比喻來說，我覺得現在是歷史上創業條件最好的一個時期。

不可避免地，肯定會有很多企業死在路上，甚至死在起點，這是過程，也是大自然的規律。現在的企業，九十五%左右在三年之內死掉了。但是一方面，有這麼大的基數，大家來創業，實際上是中國經濟持續發展的重要動力來源。另一方面，也為很多資本篩選出最優秀的種子選手提供了機會，所以才能吸引阿里、騰訊這樣的企業。這樣一來，又帶動了更多的創業者。中國經濟要持續發展，必須是這樣的循環。

吳伯凡曾經講過另一個關於種樹的例子，也特別有意思。他說，有人計算過，可能是大自然一種神祕的設計，如果你聽任一棵樹結種子，它到處能夠播撒，在它的整個生命週期裡，它的播撒範圍基本上是能夠覆蓋整個地球的。問題是，大自然不會給這個機會。幾億種子裡頭，有一顆能夠長出來就不錯了。人不也是這樣嗎？我們來到世界上，是億分之一的機率，背後都是大量的浪費。

至於你能不能活著，你能不能找到錢，我非常贊成吳伯凡的「平均數思維」——不能因為你找不到錢，就認為錢沒了。的確，在每個階段資本都有自己的選擇，但是你一定要相信資本的屬性：懶、饞、占、奸、滑。

第一懶，投資人就是想點石成金，不工作，把錢押對就完了；第二饞，幹啥都不想落下；第三占，不僅想賺，還要賺得比你多；第四奸，比你狡猾，條款做得讓你沒有辦法弄，比如對賭；最後一個滑，萬一出事，他先跑。

所以，在這個博弈當中，有些創業者覺得困難，甚至說有一些悲觀。實際上，這是很正常的，正因為投資者這樣嚴酷的篩選過程，才能篩選出最強的競爭者和最優秀的選手，創業才能夠變成經濟進步的動力。否則，什麼人都拿錢，這就是救濟糧了。如果今天糧食是有限的，一定給那些吃了還能找更多糧食的人。不然每個人都吃，第二天都死了。但是我只給十個人，這十個人吃飽，去別的地方找出來更多的糧食，剩下的人還有可能活。

這個過程是一個互相適應和篩選的過程。從大時代來說，我們現在的創業環境比原來好很多，有非常好的機會。總之，創業沒有示範，沒有樣板，它是帶動、激勵和感染。告別平均數思維，在創業最好的時代，努力做一些想做的事情。

14 賣鏟子的都活著，挖黃金的死了

經常有人討論：當一門生意特別受歡迎的時候，就是在「風口」上的時候，要不要湊個熱鬧？我覺得最好不要。你真正要做什麼，還是要根據自己的競爭能力、願景、喜好去做擅長的事，而不應該盲目地去跟風。因為大家都擠進去的時候，競爭會變得非常激烈，不僅機會變少，成功的可能性也大大降低。相反地，如果你在熱鬧的生意或者說風口的周邊找機會，說不定賺錢的機會反而比較多，成功的可能性更大。

我講幾個故事給你聽。

前些天，我看到公司的一個年輕人喜形於色，我就問他怎麼回事。他告訴我，比特幣的價格再次漲到了五千美元，他的損失又少了一些。原來，二〇一八年比特幣瘋狂的時候，這個年輕人經不住誘惑，把手頭的積蓄都拿出來炒幣。然而就在他做著發財夢的時候，比特幣的價格開始下跌。他捨不得割肉，選擇持有，結果比特幣價格一路下跌，越虧越多。像他這樣的人不在少數。

二〇一九年三月底，我又看到這樣一則消息，比特大陸因為無法滿足港交所的一些條件，上市計畫暫時擱置。比特大陸是做什麼的呢？雖然它一直是以AI晶片生產廠商的形象對外，但是很長一段時間裡，超過九十%的業務都來自礦機銷售。礦機就是專門生產比特幣等虛擬貨幣的設備。

我們也從公開資料中看到了比特大陸的一些經營情況。這是一家非常年輕的企業，成立至今不過五、六年的時間，已經發展得很迅速了。僅僅二〇一八年上半年，比特大陸的營收就達到了二點八四億美元，毛利超過十億美元，這是一份非常炫目的業績，絕大部分科技獨角獸都無法在賺錢能力上與之媲美。不只是比特大陸，在比特幣牛市帶來的全行業狂歡中，一些礦機生產廠商也都在二〇一七、二〇一八年實現了財富暴增。

二〇一八年底比特幣大跌之後，很多炒幣的人財富暴跌，虧得一塌糊塗，但這些礦機生產廠商，由於此前的發展已經累積了技術、財富，因此在這個過程中，實現了多元化經營，甚至是轉型。比如比特大陸，早就在人工智慧晶片以及基於此產品和服務之上投入甚多。相比那些慘賠的炒幣者，這些生產廠商的轉圜餘地大得多了。

這就讓我想起一百多年前美國的淘金熱。由於美國西部的艱苦條件，很多人死在了淘金過程中，剩下的許多人也由於金礦之間的競爭並沒有賺到太多錢。但是當地提供各種生活、生產服務的人，比如賣食品的、賣水的、提供住宿的、賣挖金礦的鏟子的，因為需求大增，賺了很多錢。

一八四八年，美國舊金山的一名木匠詹姆斯·馬歇爾建造鋸木廠時，在推動水車的水流中發現了黃金。這個消息不脛而走，引發了全世界的淘金熱。義大利人、巴西人、西班牙人紛紛湧入，舊金山居民從一八四七年的五百人，增加到一八七〇年的十五萬人。

在這個過程中，誕生了第一家牛仔褲企業。一八四七年，德國人李維·史特勞斯來到舊金山，以賣帆布為生。後來他發現，當地礦工十分需要一種質地堅韌的褲子，他用原來造帳篷的帆布做了一批褲子，賣給當地的礦工，十分成功。李維·史特勞斯眼見銷售不錯，就迅速成立了一家公司，主力生產牛仔褲。又經歷了一個半世紀，牛仔褲從美國流行到全世界，並成為全球各地男女老少都能接受的時裝。李維·史特勞斯因此被稱為「美國牛仔褲之父」，而他創辦的這家公司就是美國著名的服裝品牌LEVI'S。

在淘金熱期間，還有一個叫米爾斯的人也來到了舊金山。他沒有採挖過一克黃金，相反地，他向淘金者們出售鏟子等工具，累積了一定的財富，之後又開了一家銀行，供淘金者們存儲獲得的利益。之後在他的幫助下，加利福尼亞銀行在舊金山開業，之後很多年，它一直是該地區最大的銀行。

作為一名淘金者，米爾斯從來沒有淘過金，但他抓住了淘金熱的浪潮，利用其周邊的機會迅速成為那裡最富有的人。而在這個過程中，絕大多數淘金者都沒有發財，許多人甚至家破人亡，包括最早發現黃金的馬歇爾，身無分文，在一間簡陋的房子中去世。

還有就是史丹佛大學。我們只知道這個學校不錯，卻忘了該校的創建人史丹佛夫婦，也是在淘金熱的過程中，因為做周邊的生意賺到了錢。最後他們捐出這筆錢，以其兒子的名字創辦了這所學校。

為什麼會出現上述情況？有一些解釋，叫媒體效應。所謂的媒體效應，就是指因為宣傳，全社會都認為這個行業特別能賺錢。你想像一下，挖到的沙土用水洗一下，就能撿到一勺子金，多麼誘人。

在這種情況下，社會上各式各樣的人員、資本都湧入這個行業中，但是大量湧入的人群很難建立起特別的優勢。大家如果都一樣，突然增加了很多人來競爭，產品又是同質化的，那麼唯一的方法就是不停地壓低產品價值、勞動價格以及供應商的價格，過分競爭其實賺不到錢。

相反地，對於那些提供鏟子、牛仔褲的人來說，他們做的事缺乏媒體效應，沒有人會報導說，生產一把鏟子能賺好多錢，或是賣牛仔褲會發大財，就算寫了也沒人看，他們做的事太普通，因此也就沒有什麼人加入。於是，賣牛仔褲、賣鏟子的人，就在平靜的過程中，在沒有大競爭的情況下，緩慢但有效地累積了自己的優勢和財富。

所以，當一門生意變得十分火熱，彷彿人人都能從中挖到「黃金」的時候，最好去找一些周邊沒那麼多人注意的行業，類似於賣鏟子、賣牛仔褲的行業。躲開巨量競爭，提供相對優質的服務，反而更有贏的機會，更有長期發展的可能。

15 祕魯馬丘比丘的老鼠生意

曾經有朋友問我，最不能接受、覺得最奇怪的食物是什麼？我跟他們說，是老鼠。以前我跟幾個朋友去南美洲玩，到了祕魯，當地有個景點叫馬丘比丘。我們看完景點之後，導遊就特別得意地說帶我們去吃大餐，結果去了一看，端上來的竟然是老鼠。

我們幾個人坐在一個餐廳裡，環境也不錯，可是盤子裡卻放著一隻碩大的老鼠，和龍蝦一樣，被劈成了兩半，但是老鼠的形狀清晰可見。可想這對我的食慾是多大的摧殘。在我的印象裡，老鼠很髒，形象也壞，我一看盤子裡的老鼠，都傻了，堅決不吃。

從南美洲回來以後，我找了本書看，裡面講到柬埔寨人是怎麼因為政治和經濟社會的劇變開始吃蟲子的，於是我聯想到了祕魯人吃老鼠。我又專門找了一些資料看，才發現，祕魯人吃的老鼠，原來不是通常下水管道的那種髒老鼠，而是豚鼠，也就是天竺鼠。他們把天竺鼠當食物，雖然小眾，但不「奇葩」，而且養天竺鼠還成了一門好生意。我覺得這挺有意思的。祕魯馬丘比丘的老鼠生意，可以啟發我們的思維，教我們如何把一件被動的事、一件看似不是很愉快的事情，變成生意。

馬丘比丘是祕魯的文化遺址，也是一個古城的遺址。它是一座建立在山坡上的石頭城，兩邊都是懸崖，下面是一條湍急的大河。現在去看馬丘比丘，除了能看到它神奇的石頭建築和自然風景，其實別的也沒什麼可看的，因為它就是一座空了三百多年的廢墟。它最輝煌的時候是十五世紀，那時候，馬丘比丘是印加帝國的一座防禦性城市，離首都庫斯科不遠，有考古學家說，這可能是當時貴族度假、祭祀的地方。

印加文明是印第安三大古文明之一，最鼎盛的時候征服了整個安地斯地區。但因為繼承權的問題發生了內亂，十六世紀中期的時候，入侵的西班牙人又帶來了各種病毒，印加人沒有抗體，於是發生了大規模瘟疫，帝國就衰落了，這塊地方就成了西班牙的殖民地。直到現在，祕魯的官方語言還是西班牙語。

西班牙人占領了這個地方之後，最開始並沒有做什麼政治上的考慮，只是把祕魯有但歐洲沒有的東西帶回去，賣個好價錢，其中就包括當地人最喜歡吃的天竺鼠。這裡的天竺鼠和我們通常說的老鼠是有區別的。我們常見的老鼠體形小，有很長的尾巴，經常在下水道裡鑽來鑽去，很髒，這些都屬於野生老鼠。但是天竺鼠在西元前五百年就已經被安地斯山脈地區的古印第安人馴養，當作食物了。因為在高海拔的山區，沒有條件飼養豬牛羊雞鴨鵝，其他獵物又很難馴化，而天竺鼠肥肉少、瘦肉多，繁殖能力強，性格溫馴，吃的是草，還特別好養，於是就把天竺鼠當豬一樣養起來。

養著養著，天竺鼠在古印第安人眼中都不僅僅是食物了。因為天竺鼠需要很乾淨的生存環境，否則就會生病。所以印第安人就覺得，天竺鼠可以當作醫生的診斷工具，甚至還有人會用天竺鼠來通靈。所以在祕魯人眼裡，天竺鼠沒有其他地方對老鼠的那種壞印象，他們覺得天竺鼠很好，能吃，皮毛還能用，能治病，還能通靈。

這種對天竺鼠的推崇態度就影響了西班牙人，他們覺得南美洲的天竺鼠確實和歐洲老鼠不一樣，可以當成一種商品帶回歐洲。

天竺鼠一出南美洲成為商品之後，有趣的事就發生了。

一開始是當成肉食來賣，還紅了一陣子，因為大家都沒吃過，覺得新鮮。時間一長，歐洲人吃不習慣了。因為天竺鼠肉雖然好吃，前提是得照祕魯人的做法做，用當地的香料醃製，然後放到火上去烤。這和歐洲人習慣的吃法不一樣，所以吃天竺鼠流行了一段時間之後，歐洲人的興趣就淡了，變成了一種小眾吃法。

這下，把天竺鼠帶回來的西班牙人笑不出來了。因為天竺鼠特別能生，一隻天竺鼠一年能生三十多隻小天竺鼠，如果不把牠們賣出去，養鼠的人可就得虧本了。所以商人們就天天盯著天竺鼠看，試圖想個辦法。看久了，他們發現，這小東西竟然還挺可愛，而且性格溫馴，於是就把天竺鼠從肉鼠包裝成了寵物鼠。

他們把天竺鼠打理得乾乾淨淨，放在特別精緻的籠子裡，拿到集市上，專門向女士們推銷。天竺鼠之所以有一個「豚」字，就是因為牠像豬一樣能吃，體形也是圓滾滾的，挺可愛。女士們一看這毛茸茸的天竺鼠，特別喜歡，都願意養牠。這麼一來，天竺鼠很快就從肉鼠變成了寵物鼠。

天竺鼠的吸引力有多大呢？連英國女王伊莉莎白一世也忍不住養了一隻。上有所好，下必甚焉。所以，天竺鼠在歐洲也就成了一種常見的寵物。天竺鼠風靡歐洲之後，養天竺鼠的商人還是覺得不夠，還要擴大市場，當時西班牙、荷蘭、英國都已經是航海大國了，他們把天竺鼠放船上養著，滿世界打轉，每到一個國家就大力推銷。

英國人去印度開東印度公司的時候，天竺鼠也被帶到了印度。印度是一個很有意思的國家，既有複雜的種族問題，也有糾結的宗教問題。比如說英國人喜歡吃牛肉，但在印度就遇到了阻礙。對當地信仰伊斯蘭教的人來說，吃牛沒問題，可是當地印度教的信徒就不一樣了，他們說牛是聖物，不能吃。英國人被折磨了一番，最後乾脆在當地開闢了天竺鼠養殖業，兩邊都不得罪，能吃，還能賣錢。所以直到現在，天竺鼠在印度也是很有市場的，和祕魯一樣都被當成肉鼠來吃。

荷蘭人也想方設法推銷天竺鼠。日本明治維新開始不久，荷蘭人就跑到日本做生意。為了把天竺鼠賣出去，荷蘭人靈機一動，就說這是荷蘭當地的豬，特殊品種，所以長得很小，但肉能吃。在荷蘭人巧舌如簧下，天竺鼠就這麼被改了名字，成了「荷蘭豬」。不過天竺鼠在日本的遭遇和在歐洲差不多，日本人喜歡吃海鮮，對天竺鼠肉沒什麼興趣，主要把牠當寵物養。

很多年輕人都喜歡看宮崎駿的動畫，《龍貓》裡的龍貓其實就是天竺鼠。當然了，這些歐洲商人也帶著天竺鼠來了中國，但他們有點失望。中國太大，食物也豐富，所以不管他們說得多好聽，也沒有多少人願意改變自己的飲食習慣。

不知大夥感覺到了沒有，從十六世紀開始，西班牙人把天竺鼠從南美洲帶出來賣到世界各地，天竺鼠就有了不一樣的價值。在祕魯人那裡，天竺鼠是美食，也是遊客獵奇的食物，帶動了當地的消費。但在全球其他地方，天竺鼠還能當寵物養在家裡，為大家帶來快樂。因為成為一門生意，天竺鼠就被開發出了不一樣的價值和用途。

總而言之，祕魯馬丘比丘的天竺鼠生意聽起來挺離奇，其實和普通行業一樣，都是在商業發展過程中不斷滿足人們的需求。一種是客觀的需求，一種是發掘出來的需求、養成的需求、啟發出來的需求、創造出來的需求。養天竺鼠這件事充分說明了這一點，也就是需求被創造和被滿足的過程。

養天竺鼠不僅可以讓人看著牠開心，使牠成為寵物，也可以讓人食用，使牠變成一種肉食。這些都是很有趣的發展過程。在我們創業做生意的過程中，我們應該關注到這個特點，也就是需求是怎麼被發現和創造出來的。

16 不敢想的地方是未來

二〇一八年二月二日，「風馬牛一號」衛星在酒泉發射中心順利升空，並精確地進入距離地表五百公里高度的太陽同步軌道。發射完之後，總是有人問「為什麼你沒事要發射一顆自己的衛星？」我當時開玩笑說，我夢想在月球上做房地產，當然這只是個玩笑。

我對未來一直充滿了期待，雖然我不是一個科學家，但我很關注科技，因為科學打破了我的思維框架。所以，無論是火星上的經濟適用房[7]，還是人工智慧、生物技術、生命科學，這些新的東西都非常吸引我。

我為什麼會持續關注太空專案？起因也很簡單。

7 類似臺灣的國宅。

二〇一六年我去了一趟美國國家航空暨太空總署，參觀與體驗了太空人的一些訓練，見識過三千五百萬個零部件構成的太空梭，這樣的體驗我覺得非常新鮮，也很震撼。我也發現，在美國國家航空暨太空總署的航太城裡到處可以碰到曾經在太空中遨遊的太空人，而在中國是很難接觸到的。這是我想發射衛星的一個契機和激發點，我覺得這件事好像沒那麼困難，然後就嘗試跟相關方面去聯繫、去討論，最後把它做成。

另外，我們有一個自媒體叫「馮侖風馬牛」，團隊有一個想法，想創新和開拓更有意義、更正能量的一些內容。他們在考慮技術和內容之間的關係，我也在尋找跟內容相關的技術公司，也許做的會比內容本身更有意義。所以，如果有一些從技術上努力的途徑，創造一些新的體驗和傳播方式，那麼衛星也許是可以做到的。「風馬牛一號」是中國第一顆私人衛星，這顆衛星配備了4K高清全景攝影機，可以三百六十度呈現太空高清照片，擁有可承載使用者原創內容的網際空間。我們在衛星裡上傳的東西主要有三樣。一個是我們公司自己創作的歌曲，叫《大風歌》，由羽泉演唱，張亞東作曲。第二個是我們請臺灣的一個音樂人把《千字文》唱出來，把中國傳統文化送上太空。第三個就是夢想。我們徵集了上千個夢想，把它們送上太空，最後我們來看哪個夢想在未來真的能實現。還想做一下太空直播，配合一些VR技術，透過衛星拍攝來實現，這類事別的媒體做不了，風馬牛能做，那就變成了獨特的內容，就可能突破以前媒體的邊界。

內容、技術和體制，這三件事如果搭配得好，這種創新就可以成功。但目前還有一些困難，比如說直播還沒辦法去做，需要審批。

歌從衛星上放下來，也要批。那麼科技發展了，如果相關的管理制度沒有很好地跟上，或者說沒有一套支持鼓勵的機制，這個衛星發上去以後就變成了一坨死材料，跟地面上的人就沒關係了。

剛開始的時候，我看了很多資料，也挺高興，覺得這真是一個很大的跨界。結果，看得越多，加上需要報批的手續繁瑣，突然發現，現實和我想像的距離越大，於是就開始探討其他可能突破的方法。

任何一件事都沒有完美，只有滿意。就是說要做到大家都滿意才好，那才算一個可以持續創新或者是一個可行的商業模式。回頭看所有偉大、特別的公司，只要有偉大的夢想，那麼就必須面對可能遇到的困難和溝溝坎坎。夢想很偉大，使命很艱巨，現實的問題也需要一個一個去解決。每天解決一個問題，每天一小步，累積出一步偉大的變革，這也是我現在的心態。

再跟大家說另外一件跟太空有關的事。

二〇一八年十月，公司旗下的一家公司在太原衛星發射基地，又成功發射了人類第一個太空基因庫，首次在裡面放了八個人體的基因細胞，其中也包括我的，現在正在八百五十公里以上的軌道轉著，理論上可以存放九百五十年，當然這只是一個嘗試。

當初伊隆・馬斯克說要把一百萬人送到火星，我就覺得這是一個特別了不起的星際移民計畫。仔細一想，有一些事恐怕要解決，比如要把一百萬人直接運去火星，目前不僅成本高到無法負擔，技術上也有很多困難。現在火箭的載荷量最大是六十噸，火箭從地球飛到火星要六到八個月，技術還不能做到每次都成功返回，且不說成本巨大，只說按照這些火箭的載荷與速度，送一百萬人到火星是不經濟的，而且也是不可行的。

那麼換一個想法行不行呢？比如說，在美國銷售的日本汽車，並不是在日本生產後運到美國的，而是直接在美國設廠，把車製造出來。同樣的想法，我們也可以把一百萬人，甚至更多人的基因或生命細胞儲存起來，先建立一個太空基因庫，然後把太空基因庫運到火星。我算了一下，一個細胞或者一個基因膠囊，連五克都不到，一百萬人的基因膠囊加起來最多也就是五噸。假設一枚火箭可以運載五十噸，那麼一次就能運載一千萬人的基因膠囊。即使失敗了，最多也就損失一枚火箭，而且沒有路上的吃喝問題，還可以提前發射幾批火箭，帶過去幾十個、幾百個機器人。

我看過美國國家航空暨太空總署造的智慧型機器人，每個大概有一噸重，一次火箭發射能帶五十個機器人。如果把地球上造的人造子宮也帶過去，再加上幾個地球人，這樣就可以在火星上建立一個造人工廠，造出一千萬個火星人類，這當然是一個巨大的想像了。

我們可以先設想用這樣的方式解決運輸問題。與用火箭把大活人運過去的方式相比，這樣做的成本低得多，效率也高得多。未來人類在火星和地球之間遷徙以及在星際之間轉移都可以用這個方法，如果能夠實現，地球人就可以在整個宇宙裡自由地切換生存空間。

這麼一想，腦洞就會大開，勁也就上來了。我們在二〇一八年就開始嘗試這件事，透過發射第一個小的基因庫，在太空建立一個規模比較大的、超過一百萬人甚至更多的基因庫。

這件事情如果解決了，那麼馬斯克的計畫還會遇到第二個問題：如果我們真的能夠移民火星，那麼要在火星建立一個什麼樣的社會呢？這取決於我們運過去一些什麼樣的人。中國人、日本人、美國人、歐洲人、中東人……如果這些人在地球就吵架，運過去了還繼續吵架，那有必要嗎？

所以，我想，在火星上的人類不應該跟地球上的是非有太多牽扯，那就必須透過生物技術、生命技術來創造出火星的人類，他們獨一無二。光這樣還不夠，我們還要在火星上建立一種新型的人與人之間的關係，創造一種新的制度，一種新的文明，一種新型的倫理關係、社會關係，從而形成一個不同於地球人類社會的火星社會。這些都是未來需要研究、需要發揮超級想像力去解決的問題。

我一直在想，什麼叫未來？

我們不敢想的地方就是未來，我們不能及的地方也是未來，我們沒有看到、不懂的地方還是未來。在通往未來的路上，我們往往被自己的能力和想像力所限制，被自己的知識和經歷所限制，被自己的腳步所限制。最重要的一點，被自己內心不自由的狀態所限制。所以我認為，想要突破這些限制，企業家就必須具有持續創新的活力，必須活在未來。

科學每一天的進步，都是在打破我們已有的思維框架，在改變我們對邊界的認知。地球的邊界已經不能束縛我們，既然我們已經發射了「風馬牛一號」和太空基因庫，未來我們可不可以去火星？或者去更遙遠的地方？我相信是可以的。

17 超吸金的IP是如何煉成的

IP這個概念，在國內持續紅了三、四年。什麼是IP？粗略地說，就是「智慧財產權」，用業內人的話來說，叫「具有長期生命力和商業價值的跨媒介內容營運」。

自從IP在中國引爆熱潮之後，從前大家印象中少得可憐的稿費、版權費，頓時變得神祕莫測、身價倍增。互聯網巨頭百度、阿里巴巴、騰訊和各大影音網站都在高價囤積版權作品，一個網路小說作家的作品賣出百萬元人民幣也不稀奇。

在這股錢堆出來的IP熱潮裡，有清醒的人已經看到，IP不是萬能的，不是一個囤在手裡就能日進斗金的聚寶盆。那為什麼以百度、阿里巴巴、騰訊為首的公司們還在追IP呢，互聯網巨頭們這樣做的商業邏輯到底是什麼？

IP這種操作早在一九六〇年代就已經出現了。當時日本三麗鷗公司的設計師清水優子在錢包上畫了一隻卡通小貓，和常見的貓不一樣的是，它的擬人化程度很高，直直站著，左耳有一個紅色的蝴蝶結，眼睛圓圓的，沒有嘴巴。就是這麼一個奇怪又特別的形象，讓三麗鷗公司的錢包大賣，還出口到了英國。

這隻怪貓的帶貨能力非常強，以至於成為三麗鷗公司名副其實的「招財貓」。為了好好「養」她，這家公司特地把她取名為 Hello Kitty，還設計了一個故事，詳細描述她的家庭成員、國籍、愛好、特長，就連她沒有嘴巴的奇怪設計，也被三麗鷗公司解釋成希望人們把自己的感受投射到 Hello Kitty 上。

就這樣，三麗鷗公司在不知不覺中，完成了創造一個大IP所必須的工作，Hello Kitty 從一隻畫在錢包上奇怪的貓，一步步成為全球最知名的IP之一。從一九七四年註冊 Hello Kitty 商標開始，這隻貓就一直陪伴著全世界的孩子們，到了二〇〇八年，三麗鷗公司每年十億美元的收入，就有一半來自 Hello Kitty。可見，IP代表的是吸金能力，背後是持之以恆的培育和呵護。

IP的概念真正被全球熟知，還是一九九〇年代美國動漫產業的貢獻。那時 DC 漫畫公司為了拯救漫畫銷量，推出了電影《超人》和《蝙蝠俠》，這兩部電影因承載著典型的美國英雄主義情結，一炮而紅。穿著紅色內褲的超人和耍酷的蝙蝠俠紅出了大銀幕。在 DC 漫畫公司的精心策劃下，原有的漫畫重新大賣，系列電影也一部接一部地拍。在情節流動中，這兩個角色擁有各自的性格特點，曝光度也越來越高。當他們出現在漫畫和電影中的時候，大家都會想知道這次英雄又怎麼拯救了世界，當他們成為文創衍生品或者遊戲作品主角的時候，大家很願意去買這些小東西，體驗一下當英雄的感覺。

也就是從這裡開始，好萊塢找到了一座巨大的金礦。IP創造利潤的潛力在好萊塢發揮得淋漓盡致，以至於超級英雄的電影數量雖然只占好萊塢電影總量的十%，卻創造了好萊塢八十%的利潤。現在我還經常聽年輕人講「漫威宇宙」，從一個IP發展到一群IP，看來這種操作非常成功。

說到這，你可能會問，馮叔，你怎麼淨說成功的IP，有沒有那些花了大錢卻失敗的IP呢？沒錯，我剛才說的都是成功的IP，因為失敗的IP太多了，它們連水花都沒有，所以我們都忘了。這就是不成功便成零。

IP要想長期跨媒介經營，有生命力，還要有商業價值，那就需要一個完整的故事、概念、形象。它可以用在音樂、戲劇、電影、電視等各種形式上。這代表什麼呢？大企業孵化IP，其實是買它的潛在價值。做IP也不是簡單地拍個電影寫本小說就完了，得像三麗鷗公司一樣，幾十年如一日地去呵護、豐滿Hello Kitty這個形象。百度、阿里巴巴、騰訊這些公司，當然知道IP不是萬能的，但他們還是願意花重金追求IP，其實是看重它的潛力。投資就是有風險的，這個風險對他們來說是可以承擔的，而且最大的風險不是購買IP，而是後期的操作。好比一棟房子，IP只是粗糙地打了個基礎，公司看中的可能是它的藍圖，也可能只是它的地理位置。實際房子賣得怎麼樣，還得看房地產商最終蓋得如何，以及提供什麼樣的增值服務。

還有一點，你看到的IP熱潮現在大多集中在影視領域。簡單來說，就是影視公司出錢，買了小說之類的文學作品的版權，改編成電影、電視劇。這不是不好，這種方式能賦予文學作品另一種形式的魅力，而且早已有之。

然而，影視領域湧出的IP熱潮，一方面反映了中國電影市場在四年時間裡，從一百億元迅速擴展到三百億元之後，對故事大量且高速的渴求。另一方面反映的則是影視業缺乏真正原創的好故事，才讓IP熱潮成為文學圈向影視圈輸血的一個通道。

當然，這個通道剛開始是管用的。大家很熟悉的電影《失戀33天》就是改編自網路小說，票房突破三點五億元，原著作者自己主動跨過了IP的橋梁，還成為《滾蛋吧！腫瘤君》的編劇。宮鬥戲的經典《後宮．甄嬛傳》也是改編自網路小說，現在已經成了很多電視臺的保留劇目，配套的漫畫、戲曲、遊戲也深受女性朋友們的歡迎。

但觀眾的口味是很刁鑽的，後面一連串跟風的IP操作就非常不用心。二〇一五年五一勞動節放假的時候，我聽說很多人都去看電影了，結果被《何以笙簫默》、《左耳》、《萬物生長》這些IP電影連番轟炸，出來就吐槽流量明星[8]和不用心的改編。在這之後，買IP還是大公司的常規專案，但觀眾對IP的熱情已開始逐漸降溫了。

這種「明知IP不萬能還追IP」的行為，在行為金融學上，有一個關於投資的分析，對其有很好的解釋。它認為，人的投資決策取決於兩點，一是情緒，二是推理。人們對IP的期待，實際上就是「情緒＋推理」。

從情緒上來講，大家最容易被「控制錯覺定律」欺騙，認為自己積極地選擇了一個IP，還對改編IP這個任務很熟悉、很了解，在操作過程中公司也會全程參與，所以自己就能控制結果的走向，充滿了樂觀的情緒。從推理上說，這些公司看到了中外成功的IP操作先例，也能夠承擔IP失敗的風險，或者說樂於冒險，對國內的影視產業鏈相當了解，自認為已經算好了每一步。二者一疊加，風險肯定是有的，但盈利的衝動和推動力更大，所以這些公司依然做著大家眼中「明知不可為而為之」的事。

總而言之，IP不是個容易操作的東西，跟我們蓋房子、種樹一樣，買下版權只不過

8 指粉絲眾多且號召力強，卻沒有真正實力的藝人。

是最簡單的第一步，之後的細心照顧和塑造，才是能讓IP真正變成搖錢樹的成功祕訣。

說到這，我想起了十幾年前我和川普的公司洽談合作的事。當時他公司的首席執行長說，要合作，得先交五百萬美元。那時候，他的公司已經把川普當作IP來經營了，過了十多年，回過頭來看，現在的川普豈止是五百萬。所以說，做IP，終歸還是一門投資，心急吃不了熱豆腐。咱得追求理想，順便賺錢，別太著急。

18 投資是在不確定中尋找確定

之前我們曾說，如果我們把市場經濟的競爭比作奧運會的一個賽場，想要達到比賽的要求，就必須得有一套管理規則，才能從業餘選手逐漸演變成職業選手。這是從創業者的角度出發。現在，我們再透過曾經參與投資的經歷，看一下投資這件事的本質。

我們有一個經歷非常有趣。在《中華人民共和國公司法》剛頒布的一九九三年，田溯寧、丁健在美國留學期間創辦了一家網路公司，名字叫亞信科技控股有限公司（AsiaInfo）。最開始的時候，就三五個人，還有幾臺電腦。

那個時候，美國萬通的董事長是王功權。在功權的主導下，以及美國公司的總經理劉亞東的積極推動、協調下，美國萬通投資了亞信科技二十五萬美元，大概占股八％，成為亞信科技最早的投資方。

投完之後，劉亞東自己也離開了美國萬通，加入了亞信，之後亞信回國成立了亞信科技（中國）有限公司。

一九九五年，中國還沒有撥接上網，中國電信計劃透過美國的斯普林特公司（Sprint）開通兩條64K的專線，一條在北京，另一條在上海，這是中國最早的工作互聯網。亞信科技拿到了這張訂單，此後的幾年裡，亞信科技在國內沒有可比的競爭對手。他們在國內不斷攻城掠地，先後承建了近千項大型互聯網項目，因此被市場傳頌為中國網路的主建築師。

之後亞信再融資，要我們參加，田溯寧就問我們：「每股十七塊錢，你們買不買？如果買得多還可以控股。」後來他又說：「你要是不願意控股，那我們就得找別的投資人。如果老外要投資，他要控股又不想結構太複雜，你們願不願意把你們的股份賣出來？我們替你們回收了。」

我們當時算了一下。投了二十幾萬美元，如果賣掉翻一倍，就是五十萬，也不錯。如果再投資，十七塊錢有點貴，而且有點不夠哥兒們，怎麼就出了十七塊錢一股呢？我們當時真的是不懂，也不知道他是怎麼算的，但就是覺得不舒服。早些年，我們投資，又在國內幫助做協調，做支持，最後卻這麼貴賣給我們？所以我們非常猶豫，最後放棄了這個機會，不要了，就真賣了。

賣了之後我們當時還挺高興，反正賺了錢了。沒想到，一九九九年亞信在美國上市，我們才發現這個股份賣得太虧了。如果不賣，這個時候至少也得一億美元。這件事讓我們特別震撼，後來才明白天使投資到底是怎麼回事。投資居然還有這樣的算帳方法，還有這樣的投法，還有這樣的回報方法？這是讓我們印象深刻的一次經歷。

之後功權就專門負責我們的投資。他在美國萬通的時候就和ＩＤＧ資本合作，最多的時候，ＩＤＧ在中國主要的合夥人幾乎都是美國萬通的同事。不久我們就遇到馬雲創辦阿里。

當時阿里也在融資，王功權就去跟馬雲談。功權談回來以後我就問他，電子商務在中國行不行？功權非常確定地說，不行。他說中國的電商肯定做不起來，原因有三點：第一，物流不行，中國沒有物流；第二，結算存在障礙，也沒有個人信用；第三，互聯網人數基數太少，當時整個中國上網的人也就六百萬人。所以功權和馬雲談了半天，最後放棄了投資。現在看來，這次放棄所導致的損失又不知道比亞信大了多少倍。

我相信功權和當時所有的投資者都沒有想到，中國能夠用自行車、電驢、電動車這些土法把物流發展起來，互聯網人口也居然可以用這麼快的速度增長到幾億。而且馬雲用支付寶又把結算的問題解決了，就這樣，電商迅速發展了起來。

可見投資就是這樣。有時候，我們沒辦法以現在的情形去判斷過去的選擇，原因就在於當時你對未來的走向判斷其實是錯誤的，也就是說，你沒有找到一個心裡面正確的確定性。就像馬雲常常說的，因為相信，所以看見。你相信未來某一個確定性，這是你自己的判斷，而投資者相信的確定性不是這個，他就不會投資你，他會投另外的東西。所有的投資失誤都在於，對於未來確定的東西，你認為是不確定的，也就是說，你偏離了事物最終出現之真實的確定性，你跑偏了。由此也能看到，投資這件事本身就充滿了很多不確定性。

而投資的本質，就是要在不確定性當中找確定性，做到因為相信，所以看見。你看見的那個確定性跟一般人看見的確定性是完全不同的，一般人是因為看見，所以相信。因此，好的投資一定是超前的，是在投未來，是投那種別人認為不確定而你認為是確定的一個前途。

在投資中能找到的確定性越多，贏面就越大，投資成功的可能性就越高。但是在找到確定性的過程中，就是在賭各種變數因素的組合，以及賭未來你心目中的那個確定性會不會出現，這個過程跟賭博非常相似。

因為確定性的不同，所以投資、資本就分成不同的投資資金、投資方法，且會投到不同的領域。

早期的投資，天使階段不確定性最大，只有一件事是確定的，就是這個人是確定的，除此之外，其他都是變數。很難去談那些商業計畫當中的具體細節，但是往往早期投資就是投人。

那人怎麼就確定了？就是他的價值觀、本性、願景、人格，他對這個使命的理解，他對自己商業的理解，以及商業邏輯這些東西都是確定的。所以早期投資就是投可靠的人，讓可靠的人把事做可靠了。

天使階段過了，到了A輪以後的融資，往往更多的就是要看資料、牌照，看團隊，看增長，看「護城河」和商業模式，等等。也就是說，除了人以外，要多看一點其他能確定的東西。

投資的階段越往後，確定性就越多。確定性越多，當然價錢就越貴，這也是公平的。所以投資就是依據確定性為一個公司、一個項目做估值。確定性越少的時候，估值當然就越低，確定性越大的時候，估值當然越高。

就我這麼多年觀察來看，做投資的大概有四種人，或者說，有四類投資者很有意思。他們在尋找確定性的時候，所找到的確定性是不一樣的，獲得的回報也不一樣。

第一類，是對社會規律、財富分配規律、財富轉移規律、制度變遷規律、人性、歷史、行業等有深刻洞見的人。他們能充分認識到在一個階段、一種體制、一種人性下，財富轉移的規律，研究的是制度變遷、財富轉移的大規律和大確定性，接近於哲學研究。

這類人對人生有獨特的看法，且他認識的規律越大，看的時間、歷史越長，他的認識就越深刻，對這種必然性就越確定，所以他下手也就越重。比如說巴菲特所謂的價值投資、長期持有，他堅持最大的確定性，也就是必然性，我們稱之為邏輯事物的歷史必然性。所以他往往投了就持有很長時間，十年、二十年、三十年甚至更長。國內的高瓴資本實際上也是用這樣一種投資方法。

第二類，他們對這種大的確定性不太相信，或者說他不太研究，不太擅長，只是覺得可以參考。他們認為更重要的，是行業、賽道、技術，是投資分析這套技術，以及商務條款的設計，等等。這些關注技術性的人，大多是從歐美回來的，原來在投行工作，或者曾經是職業基金管理人，他們就喜歡技術這種確定性。在技術上做到極致，在商務條款、商業判斷和對未來行業的研究上做到極致。

這類投資，相對來說，持有時間沒有第一種長，回報有時候也不如第一種高，但是成功的機率非常大。比如像紅杉等一些投資機構，在這方面做得非常好，是國內投資領域其他投資者難以望其項背的投資機構。

第三類則是靠著一些特別資源。比如說有特別牌照，有地方政府支持，或者說未來有可能把股變成債，或者是有一個保證，等等。這種確定性是資源的確定性，也就是靠一些在商業模式上依託於某些獨特的、相對壟斷的條件確定性來做投資，依託於跟政府的關係，依託於某些資源壟斷。

這類投資往往有成功的機會，但是回報不如第一種和第二種高，有時候也會隨著政府的政策變化、人員變化而無法達到預期。比如說，現在很多地方政府所謂的產業基金、引導基金往往是這種投法。他們把不確定性都放在政府關係和壟斷性資源以及牌照，還有保證上，所以相對來說回報低一點，是一種相對偷懶的辦法。

當然還有第四類，就是跟風的人。有一些小基金或者管理人不太專業，技術上也不行，特別資源也沒有，更沒有對社會、體制、歷史的深刻認識，只是跟風找關係，投機憑運氣，這種投資絕大部分都成功不了。因為他沒有一件事是確定的：消息是聽說的，關係是脆弱的，牌照是不穩定的，技術是不全面的，而且跟被投資項目談判也沒有任何優勢，所以好的項目也到不了他手裡。市場上我們能看到的，很多都是這類人。

所以，投資的輸贏就是按照這個規律來變化的。在不確定中找到一個確定，找到一個別人不相信而你相信、獨一無二的確定。因為相信，所以看見。或者是第二類，我們能夠對某一個行業有絕對深刻的研究與全面且精確的計算，還有很好的商務結構安排，以及商業模式的確定、賽道上的優先。否則，像是第三和第四類，我認為成功機率非常低。這就是我看到的，在投資當中有趣、有規律性的東西。

19 電影這門生意，比你想像的複雜

說起電影，大家都覺得這是門藝術，哪怕是商業電影，大家也不會把它和賣水、賣衣服這樣的生意連結起來。事實上，電影首先是工業，其次才是一門藝術。所以，電影的商品屬性是毋庸置疑的。

一八二九年，比利時物理學家約瑟夫．普拉托發現，一個東西從人的眼前消失後，它的形象還會在人的視網膜上停留一段時間，這種現象叫作「視覺暫留現象」。這個視覺暫留有什麼用呢？很多人小時候都玩過「手翻書」，就是很多張人物動作連續的圖畫，裝訂在一起，嘩啦嘩啦一翻，看起來就像人物在動，這就是視覺暫留原理的簡單應用。

普拉托提出這個原理之後，照相機被發明出來了。人們能很快得到現實世界的影像，不用再一筆一畫地畫畫了，於是就有人想做真人版的手翻書。在一八八八年的時候，法國人路易斯．普林斯就幹了這件事，他用攝影機和紙質膠片拍了兩段只有一兩秒的動態影片，還把攝影和投影結合起來便於展示。

後來愛迪生進入了電影領域，並迅速申請了十六項專利，一部電影從製作、發行到放映都要經過愛迪生的電影專利公司。

為什麼愛迪生要花這麼大的力氣研究電影專利呢？原來從一九〇五年開始，電影院就在美國遍地開花。一張電影票不貴，只要五美分，因此看電影成了一項流行的娛樂活動。五年之後，美國每年能生產四百多部電影，每個星期就有三千六百萬人次衝進電影院。想想看，一星期就有一百八十萬美元。這在當時是什麼概念呢？要知道，當時的福特賣得最好的一款T型車一輛才兩百六十美元，福特要賣六千九百多輛車才能趕得上電影產業一週的收入。可見從一開始，電影就是一門受眾廣、流水大的好生意。

愛迪生的確很有生意頭腦。他一申請專利，所有拍電影、放電影的人都得按照《專利法》的要求給他一筆專利費，於是他就變成了躺著收錢的主。

不過專利費實在有點高，而且愛迪生把電影技術申請成為專利這件事也讓很多人不高興，這樣一來，有一些手頭緊又想做電影的人，為了躲避專利費，就跑到美國西南部一個和墨西哥很近的小鎮去拍電影。

這個荒蕪的小鎮就叫好萊塢。好萊塢出名的只有一個碩大的柑橘莊園和充足的陽光。對於習慣從無到有創造一切的電影人來說，好萊塢的荒蕪根本不是問題，取景、造景反倒更便宜。於是好萊塢生產了第一部電影《她的印第安英雄》。這部電影上映之後，美國的電影人蜂擁而至。

從一九一二年起，好萊塢迎來了一大堆電影公司，拍出了很多經典電影，比如《蜘蛛人》、《蝙蝠俠》、《侏羅紀世界》、《教父》。雖然它們被統稱為好萊塢電影，但背後是米高梅、派拉蒙、二十一世紀福斯等大公司在操作。這些大大小小的公司彼此競爭，貢獻出我們所能看到的電影生意最全面的運作機制。

做出一部電影需要什麼呢？資本、製作、發行、院線、電視與新媒體的再傳播，以及電影文創周邊的產品開發，等等。這些東西隱藏在一部總共兩小時左右的電影裡，大家只能在片尾幾分鐘的字幕裡看出端倪。

舉個大家都熟悉的例子。二〇一八年有一部現象級的電影《我不是藥神》，觀眾的評價都很好。除了對導演文牧野、演員徐崢和王傳君的稱讚之外，很少有人注意到片尾長達三分鐘的職員表，其中涉及三十多家公司，不僅有中國的公司，還有印度的公司。

相比較而言，在喜歡用特效大場面的好萊塢，電影的投資往往更加驚人。比如一九九七年拍攝的《鐵達尼號》就花了兩億美元。這樣動輒幾千萬美元、上億美元的投資，沒有一家公司願意單獨承擔，所以就出現「投資一部電影和組建一家新公司一樣」，大家各自出錢，按照投資比例來分票房收入。如果還要控制風險，那就有做完片擔保的公司出來對電影的成本進行控制。

雖然電影產業發展到現在已經一百多年了，但它的潛力剛剛爆發出來，聰明的資本爭先恐後地湧入電影業。不過，怎麼投資，投資什麼電影，又是一門很大的學問了。

和我們常見的投資實業有所不同，電影是很難做出準確市場調研的一門生意。好萊塢擁有最著名、最成功的電影產業鏈，甚至總結出了十多種敘事結構，精確地安排了每個衝突的爆發點、爆發時間。即便如此，好萊塢也不乏票房失敗的動作片，比如說《亞瑟王》拍攝就花了一點七億美元，最終在北美只獲得了三千九百萬美元的票房，投資回報比不足二十二%。

除了對投資環節的複雜考量，電影產業的製作也大有講究。現在的技術越來越發達，電影畫面上能做的功夫也越來越多了。在卡麥隆用全球票房史上的冠軍電影《阿凡達》打開了特效電影的財富之門後，全世界湧現出了形形色色技術很強的製作公司，各個國家也都意識到了這一點。尤其是美國的鄰居加拿大，從一九九〇年代起就發布了很多優惠的政策，以便吸引好萊塢電影產業轉移到加拿大去。

對於一部電影來說，決定它票房最重要的因素，不是有什麼明星參演，也不是導演是誰、劇本好不好，而是它的排片量到底怎麼樣。因為電影是需要場所放映的，如果電影院不給這個機會，電影再好也沒有辦法放上大銀幕，從而獲得更多的口碑和金錢收入。

二〇一六年有一部電影《百鳥朝鳳》，電影好不好另說，它的製片人為了讓電影院多排幾場片，不惜直播下跪。所以，發行和排片對於一部電影背後的投資人、製片方來說可能是最大的挑戰。同一時期的電影很多，怎麼去競爭這個有限的時間和資源，就是電影這門生意很值得研究的內容。這也是為什麼好萊塢是製片人中心制，而不是導演中心制，因為大部分電影是以營利為導向的商業片。從這方面來看，好萊塢的發行控制力仍然是全球最厲害的，在新聞集團、索尼、環球影業這些巨頭手中，它們不僅在生產大量電影，同時還擁有最成熟的發行體制，不管電影品質如何，總能占據主流院線的「半壁江山」。搞定了發行和排片，就相當於扼住了電影票房的喉嚨。

總而言之，從電影誕生開始，它就有了天然的商品屬性和娛樂消費屬性。對於一部電影而言，如果我們把它放在整個電影工業這個體系中，它就是一個產品。從源頭到票房都能夠追溯和分析，每一個環節都十分清晰，即使複雜也完全能夠駕馭。對於觀眾而言，更容易看到的是它藝術的一面，感受到的也是它帶給人的歡樂和思考，也許這就是電影的魅力所在吧。

20 超級盃建立了最好的商業賽事模式

美國人也有春晚，超級盃，也就是美國國家橄欖球聯盟的年度冠軍賽。一般在每年一月的最後一個星期天，或者二月的第一個星期天舉行，那一天也被稱為超級盃星期天。超級盃之所以能成為美國人的春晚，主要有兩個原因。

第一，看的人多。光是美國境內，就有超過一億人收看，收視率總是高於四十%。

第二，社會認可度高。美國明星們以登上超級盃舞臺表演為榮，大公司往往耗資數百萬美元，只為了在臺上出現三五十秒。

雖然最近兩年，超級盃也和春晚一樣，面臨口碑和收視率的雙重壓力，但不可否認，超級盃所代表的，不僅是美式橄欖球競技的最高榮譽，還是目前為止最好的一種商業賽事模式。

超級盃到底是一種怎樣的商業模式？為什麼能這麼成功？

其實超級盃做的事挺簡單。第一點，做好自己的本分。作為國家橄欖球聯盟的年度冠軍賽，超級盃最要緊的事情就是把比賽辦好。一九七〇年，美國美式橄欖球聯盟和國家橄欖球聯盟決定合併，但是有個條件，就是當年兩個聯盟的冠軍必須再戰一次，以便決定出誰是真正的美式橄欖球世界冠軍，這就是第一屆超級盃。

之後，超級盃是怎麼舉辦的呢？

首先球隊要參加常規賽，聯盟總共有三十二支球隊，分成兩個聯會，每個聯會又有四個分區，每個分區有四支球隊。這些球隊必須廝殺，常規賽結束後，八個分區的冠軍以及剩餘球隊裡成績最好的四支球隊就會進入季後賽，一共是十二支隊伍。這十二支隊伍再兩兩PK，最後剩下兩支進入決賽，這場決賽也就是我們說的超級盃。橄欖球比賽本身的規則相對簡單，為了避免有球隊鑽漏洞，超級盃制定了非常嚴格、細緻的比賽規則。細緻到什麼地步呢？連球員穿的球襪的高度都要規定清楚。在這種簡單規則、複雜限制的背景下，超級盃就特別依賴戰術。球隊中有個位置叫四分衛，負責這個位置的球員必須像一個真正的領導者一樣，既負責策動，又負責串聯全隊進攻，頭腦和體力都必須十分優秀。

說到這，大家是不是覺得超級盃是一門像國際象棋一樣的腦力運動呢？不是的，超級盃的魅力還在於它看起來很暴力，因為防守方可以用擒抱的方式放倒攻擊方。這種身體接觸在足球、籃球這些運動中是很難看到的，球員很容易發生肢體碰撞，所以大家看橄欖球比賽的時候，總能發現他們都穿著很專業的防護工具。即便如此，比賽中也經常出現流血受傷的意外。從這點上看，橄欖球比賽和其他的競技體育一樣，把人的暴力性和野蠻特性在比賽中釋放和削減，讓人的破壞性本能透過賽場對抗來指向外界。

所以說，超級盃的比賽辦得好，一方面是規則上盡善盡美，另一方面是它集競技體育之大成，能讓觀眾在觀賽的時候深度參與。既有智慧PK，又有暴力的宣洩，讓現代人在法律和規則的界限內，找到了一個寄託和發洩的好地方。

說完了超級盃的競賽特色，再來說說它的商業模式。

超級盃能成功的第二點，就在於它捏緊錢袋子，會賺錢，也會省錢。在美國，雖然大家都很關心政治，但在二〇一六年，只有一點二億人為參選總統投票，卻有一點三億人觀看了當年的超級盃轉播，這種火爆的人氣持續了四十幾年。帶來的效果是，超級盃的廣告競價不斷上漲。二〇〇五年，每三十秒超級盃廣告的報價是兩百四十萬美元。二〇〇九年是四百萬美元，二〇一九年則高達五百三十萬美元。奇怪的是，雖然廣告報價節節攀升，超級盃的收視率卻沒有達到更高的節點，這種情況下，為什麼商家還是願意花大錢投放在超級盃舞臺上呢？

因為登上超級盃本身就是對品牌的極大肯定和宣傳。二〇〇五年，美國《廣告時代》雜誌發起了一個調查，結果顯示，有一半的觀眾看超級盃，主要是為了收看廣告。而將近六十%的人會在賽後的工作時間討論超級盃廣告，甚至很多人為了不錯過廣告，選擇在比賽的時候去廁所。由於超級盃擁有一個極其龐大的觀眾群體，品牌方和廣告公司常常為了幾十秒鐘的廣告使出渾身解數，力求在這裡播出有極強新鮮感、觀賞性和吸引力的廣告，基本上每個廣告版本只會在節目上播一次。

除了廣告，每一屆超級盃都有十二分鐘的中場秀，邀請當時大紅大紫的明星登場表演，像麥可．傑克森、瑪丹娜、Lady Gaga 都去過超級盃。

超級盃最會做生意的一點就在於，它一直堅持只邀請最紅、最好的明星，反覆排練確認演出內容，所以超級盃的中場秀品質很高。這些明星都把去超級盃當成一種榮譽，自願不要出場費，無形中就替超級盃節省了一大筆錢，還幫超級盃拉來了更多觀眾。就這樣，大舞臺造就了高關注度，高關注度帶來高要求，高要求又打造大舞臺，一次次正循環過後，超級盃就成了廣告界的奧斯卡和美國人喜聞樂見的春晚，開出三十秒廣告五百三十萬美元的天價也就理所當然了。

其實從超級盃的商業賽事模式中，大家能看出來，美國人是把泛娛樂化這套玩到了極致。因為體育賽事的精彩程度很容易讓觀眾投入，從而把注意焦點引向娛樂和視覺享受。超級盃主打賽事加廣告加明星的模式，就是替比賽競爭做了一把藝術加工，借廣告公司曝光之力，裹上明星的糖衣餵給所有觀眾，這種方式緊緊地圍繞著美國本土的傳統文化和體育強項。也是在加深美國人對自己的身分認同。

除了剛才說的這兩點，超級盃擅長做的另一件事，就是給球迷和觀眾人性化關懷。超級盃設定了很多細小、有趣的環節，比如球迷可以和明星球員的手模比大小，也可以參加模擬橄欖球比賽，還能留下簽名和祝福。在二〇〇九年美國還陷在金融危機中的時候，那一屆超級盃舉辦方就把當年獲救的美航一五四九航班人員請到了現場，用全場唱國歌的形式鼓舞球隊和觀眾。

這些一點一滴的小事，讓參與超級盃變成了一項極富文化意義的活動。由此可見，專業和商業要並駕齊驅，同時製造出超級盃這個廣告界的奧斯卡和全美最火爆的賽事，需要的是球隊日復一日地刻苦訓練，以及主辦方殫精竭慮地完善賽事的每一個細節。

我期待有一天，中國也能出現類似超級盃的體育賽事，讓大家都能享受到這麼愉快的賽事觀看體驗。

21 鑽石暴利：商品如何教育消費者

前一段時間我看到一段新聞，中國兵器工業集團下屬的一家鑽石公司，用人工合成的方式，做出了大顆粒的首飾用鑽石。

我們都知道，以前鑽石都是天然的礦產，從地裡開採出來，然後切割、加工，再拿出來售賣，價格都比較高。現在，寶石級的鑽石都能人工合成了，就有人評論說，不僅鑽石價格會下降，整個行業也可能被顛覆。

「鑽石恆久遠，一顆永流傳。」從某種意義上說，這是史上最成功的一句廣告詞。仔細想一想，鑽石為什麼能用來代表長久永恆的愛情呢？這是一個非常有趣的故事。

我們先來聊一下鑽石。

寶石有很多種，像我們中國人最喜愛的玉石、翡翠，還有水晶，都算是寶石。鑽石其實也是眾多寶石中的一種。鑽石按功用分，有工業鑽石和首飾鑽石。按來源分，又有天然鑽石和人工鑽石兩種。在兩百多年以前，只有在印度河流域和巴西叢林中能找到鑽石，產量也非常稀少。直到一八七〇年，南非發現了巨大的鑽石礦，其產量才從每年幾公斤直接漲到了以噸來計算。

本來市場經濟運行的一個基本原則就是「稀有者價高」，也就是稀缺性決定價格。產量一旦稀缺，如果不增加的話，它的價格就一直漲上去。只有產量增加了，價格才會往下走。產量一下子變得這麼高，原來擁有南非礦石的英國投資人，開始擔心價格暴跌。這時候，一家名為戴比爾斯的公司成立了。它透過不斷合併鑽石礦產的個體老闆，逐漸成為最大的鑽石貿易公司，控制了全球鑽石交易。最高的時候，戴比爾斯掌控了市場九十%的交易量。因為壟斷，這家公司控制住了市場的銷量以及定價權。換句話說，鑽石價格的多少，基本取決於這家公司希望賺多少錢。

你可能會問，難道就沒有別的礦？沒有別的產量了？有是有，比如在一九八〇年代，蘇聯就在西伯利亞地區發現了一座比南非產量更大的鑽石礦，隨後大批量的碎鑽進入市場。戴比爾斯公司當然要慌，馬上開出各種優惠條件，和蘇聯人合作，並簽署了長期協議，繼續人為地壓縮鑽石產量。他們甚至會從分銷商那裡回購鑽石，避免鑽石被降價處理。鑽石被控制在少數壟斷企業手中，所以整個鑽石行業的暴利可想而知。

就在這種高利潤的驅使下，有些國家把開採礦石作為國民經濟的支柱產業，甚至因為鑽石資源的爭奪，使得一些地方陷入持續的混戰。幾年前有一部電影叫《血鑽石》，講的就是因為一顆極品的粉鑽，引發的各種人性拷問。

二〇一一年訪華、時任南非副總統的莫特蘭德，在面對央視採訪時曾說，鑽石只是人們虛榮心的產物，它只是碳而已。價格上漲並不是因為鑽石會枯竭，而是人為造成的供不應求。即便如此，也抵抗不了幾十年來戴比爾斯公司對整個鑽石市場消費者的洗腦。在這個過程中，戴比爾斯公司一直將市場上的鑽石價格牢牢地控制在自己手中，並且把鑽石變成一個高價產品。

我們了解了戴比爾斯公司，那麼我們再來看一看「鑽石恆久遠，一顆永流傳」這句深入人心的廣告詞，它的涵義到底是什麼。鑽石原本是地球上普遍存在的碳晶體。近年科學研究發現，它在地球的深處有著幾千萬噸的量級，根本不是稀有物。戴比爾斯公司如何強化其稀有性呢？

首先是價格壟斷。戴比爾斯公司讓人認為鑽石是不會貶值的。從一九三〇年代開始，鑽石的價格基本上是穩步上升，確實沒有大幅度波動。而且我們現在知道的關於鑽石的各種評級、顏色、4C之類的標準，都是該公司為這個行業創造出來的概念。

其次，他們讓鑽石成為財富、權力和愛情的象徵，並且透過大規模的廣告宣傳，使其成為一種被廣泛接受的觀念。

二十世紀大蕭條時期，歐洲的鑽石價格已經崩潰。在英國、法國，鑽石被看作貴族的專屬，只有美國和亞洲才是鑽石未來的市場。所以，戴比爾斯公司指定廣告公司為鑽石塑造一個全新形象。廣告公司不但提出了「鑽石恆久遠，一顆永流傳」這句傳遍世界的廣告語，還在年輕的女性群體中廣泛宣傳，不斷加深概念，讓她們深信鑽石戒指作為訂婚戒指，是婚姻愛情裡不可或缺的一環。他們找明星代言，做各種海報，發布鑽石相關訊息，讓鑽石和成功、高貴、浪漫、求愛等詞連結在一起。

之後，戴比爾斯公司又在一九五九年前後進軍日本，所有的廣告都讓日本人認為鑽石象徵現代生活。這個形象推廣最終也被證明非常成功。短短十幾年，鑽石就成為日本婚姻的標誌，日本人長期以來只需要一碗米酒即可完成訂婚的傳統，就這樣被打破了。

所以，行銷史上也有一句話：「商品服務消費者是中、低端的理念，商品教育消費者才是最高成就。」戴比爾斯公司就是把鑽石行銷這件事做到了極致。

開頭我們講到中國已經可以人工合成首飾用鑽石，其實中國還是人造金剛石產量最高的國家，占全世界總產量的九十％。只不過，之前的人造金剛石都被用來做工業用品，而不是做首飾。

一九五〇年代，美國通用電氣的霍爾博士就製造出一堆碎鑽。戴比爾斯公司自己也在進入人造鑽石領域。因為與其讓別人搶占這個市場，不如自己再繼續壟斷。

天然鑽石價格確實很高，普通消費者最多也就是結婚時買一買，但人造鑽石的價格，一克拉只需要幾千塊錢，和天然鑽石的價格拉開了很多，而且預估全球人造鑽石市場份額到二〇三〇年會達到十％。數十億美元的大蛋糕，戴比爾斯公司是一定不想分給別人的。但在人造鑽石領域，不像天然鑽石，戴比爾斯公司並未擁有絕對的話語權。所以，他們希望自己也能進入這個領域，利用名氣和價格優勢擠垮對手。

有人認為人造寶石級鑽石的出現，會讓天然鑽石失去市場和價格優勢，但從現在的情況來看，兩者也許面對的是不同的受眾，互相的影響可能也就沒那麼大了。

22 美國房地產商的祕密

二〇一九年是美國「九一一」事件十八週年。自從賓拉登把世貿雙子大樓「強拆」之後，全世界的人都很關心，怎樣才能把這個美國標誌性的建築重建起來。

機緣巧合，我曾經參與到世貿重建中去。從二〇〇二年起我們開始研究，二〇〇三年著手起步，到目前，我們已經去了紐約五十多次。除了這個項目，順便還和當地的所有地產公司都有了接觸，跑來跑去很累，但是發現了很多挺有趣的事。美國地產商有些不一樣的玩法，這裡就聊聊美國地產界的一些小祕密。

首先問大家一個問題，房地產公司有幾類？按照中國大多數人的看法，國內只有一種房地產公司，叫「黑心開發商」，當然這是調侃。總之，不管上市沒上市，房地產公司都只是開發公司而已。

可是當我到美國，在談到要找一個開發商做合作夥伴的時候，當地的朋友馬上就推薦了七家公司。他們說，這可跟你們講的開發公司不一樣，因為這七家公司實際上分為三種類型。

第一種就是老資格、大家族的公司，捨得花本錢，自己出錢自己做，慢工出細活，品質有保證。

第二種是做不動產投資信託的。這些機構會僱一些專業經理人，然後有明確的KPI指標，每年都要分紅，所以是大量流水線作業，速度快，但是品質比起第一種略遜一籌，這是一種資產管理類的不動產公司。

第三種就很奇怪了，他們自己出很少的本金，拉一批人投資，和前面做信託的不一樣，他們最後能吃下很大一部分利潤，做出來的活既有速度又有品質，往往還挺有創意。他們賺錢更多的是靠本事，有很大的創造性，而且他們品牌擦得非常亮。

我對第三種公司很感興趣。我就琢磨著，為什麼會有人出錢讓這種公司做事呢？我跑了其中一家出錢的公司去看了看。這家公司是一家金融公司，叫阿波羅投資管理公司（Apollo），專門替瑞聯（Related）這家開發公司出錢。之所以看上瑞聯，就在於瑞聯給投資人的回報總是遠高於平均值，而且它永遠比其他公司更能賺錢、更有創意。因此，引得阿波羅這家公司不斷地追逐它，倒貼給它錢。瑞聯能做到平均回報高於二十五％，甚至是三十％，這是一件非常了不起的事。

市場競爭太激烈了，要怎麼說服投資人給你錢呢？投資人又不「傻」，讓別人給你錢的唯一辦法，就是用這筆錢創造更高的回報，讓投資人和自己都能賺到大錢，這是一個正循環。你必須保證自己永遠有充足的創意去發揮，然後保持高度的專業性，同時還有一些絕活，能夠發現特別的利潤空間，使投資人滿載而歸。

由此可見，即使在蓋房子這種傳統的行業裡，美國人也能找到自己的獨特辦法，幹出一些有意思還能保證自己利益的事情。創意、專業、手藝，這是我從這個「非主流」美國開發商身上學到的第一個小祕密。

美國房地產業已經發展了兩百多年，中國才幾十年。我們現在就像直接穿越，看到了中國房地產業未來可能的發展方向，覺得挺興奮的。

我再來問大家第二個問題。一個自私的房地產商對這個社會是好還是壞呢？剛才我開了一個玩笑，說有人總給我們地產商戴帽子，說我們是「黑心」開發商。其實，黑心不黑心，就在於是不是唯利是圖、忘了自己提供商品住宅的本分，光顧著損人利己了。

但大家冷靜下來想想，在房地產的野蠻生長時代過去之後，那些名副其實的黑心開發商和做出正經商品房的開發商，早已有了明顯的口碑差距。接下來打造品牌、拚口碑的時候，消費者們一下子就能夠分出哪條是魚、哪個是木、哪個是珍珠、哪個是爛石頭。

我在參與世貿重建這個過程當中，其實就遇到了這麼一個「自私但不黑心」的開發商，這也給了我一個小小的啟示。

世貿中心原來的業主，大頭是紐約和紐澤西港務局，小頭是一個私人家族——兆華斯坦地產公司。兆華斯坦地產公司拿到了兩棟大廈的經營權，所以他們的利益是交織在一起的。有趣的是，或者說有疑問的是，在「九一一」之前幾個月，兆華斯坦地產公司的創立者拉里・希爾弗斯坦，居然鬼使神差地替世貿兩棟樓買了一個恐怖主義保險。於是有人事後說，拉里會不會早就知道要發生「九一一」？這是他導演的？當然不可能，這是一個玩笑而已。

我也挺好奇，拉里為什麼會這麼做？在交流的時候，他順便聊到了這件事情。他說，世貿其實在很早以前就發生過多起恐怖主義襲擊事件，曾有極端分子放了炸彈，把世貿中心炸出過一個三十公尺深的大洞。他在買斷世貿的經營權之後，就一直籌劃著要買保險，只是碰巧那時買了，沒過幾個月就發生了這件事。

替大樓買恐怖主義保險，這種保險方式在中國幾乎沒有太多人知道，但這在美國人眼裡，是一個普遍的意識。他們風險意識很強，覺得什麼時候都要控制好風險，即使是在一個非常小機率的空間內，如果能買到一個保險，也要用它來覆蓋這樣一個風險。

其實拉里最出名的事還不是買保險。而是「九一一」事件發生後不久，當全國都在悲痛的時候，他就開始忙著要保險公司理賠。為什麼呢？因為在世貿中心成為廢墟的時候，商戶們是不會付租金給拉里的，拉里卻要付租金給土地所有者。拉里的理賠要求也很「奇葩」，他要求保險公司賠他兩倍，他說雙子大廈是兩棟樓，這兩棟樓分別發生了一次撞擊事件，所以是兩次恐怖襲擊，要加倍賠償。

拉里按這個理賠要求去跟保險公司談，一經媒體報導，大眾都指責拉里冷血、自私，想發災難財。拉里沒有管輿論，仍堅持這個要求，最後庭審認為，保險公司只需正常賠償。理由也很有說服力，因為雙子大廈雖然是兩棟樓，但共用一個地基，而且政府把兩次撞擊都概括為「九一一」事件，所以只賠一次。

那拉里是怎麼做的呢？他沒有再去上訴，也沒有管別人對他的指責，而是拿著錢把自己名下的七號樓重建了。其實七號樓算是被誤傷，沒全倒，拉里把這棟樓先建起來了。至於其他幾棟，拉里遲遲不動，他說我也沒有錢，希望政府出錢來重建，他幹活來賺錢。美國政府也沒有辦法，只好收回了拉里手裡的一號樓和二號樓的重建資格。拉里的做法如果放在中國，肯定要被罵得狗血噴頭，什麼「自私自利」、「不顧全大局」，甚至祖宗八代可能都會被罵到。後來我去紐約的時候，接觸到拉里這個「自私」的開發商，發現了另一面。比如拉里捐助了很多項目，包括各種公益慈善項目，也包括紐約大學的房地產學院。

拉里就是一個典型的美國開發商，他在「九一一」的時候似乎表現得既「冷血」又「自私」，但在沒有災難的時候，他又很睿智，很有溫情。剛開始我覺得有些矛盾，後來想想，其實他不過是恪守了一個商人的本分，保障自己的利益而已。保險賠付的錢，他有自己處置的權利，至於出資重建世貿一號樓和二號樓，也不是他百分之百的義務。他說自己沒錢，把經營權、重建權交出去，也沒有耽誤政府出資重建的正事，不但合情也還合理，在法律上誰也拿他沒辦法。

一方水土養一方人，說到底，拉里和我們所認為的「黑心」開發商是不一樣的。他自私，但也會做公益，他不為了一些虛假的名譽損害自己的利益，是一個合格的商人。有人說美國人是天生的商人，亞當．史密斯也說過交易是人類的天性，在認識拉里之後，我也在思考一個問題：作為一個商人，他和一個普通人到底有何區別？都說商人逐利，其實人類就有趨利性，就像飛蛾有趨光性一樣。

不一樣的是，作為人類，趨利是本性，但也會有理想，有追求。包括一些商人，也可以有崇高的使命感，可以讓自己的生命昇華，不虛此行。像拉里這樣的商人，他的人生準則就是抓住屬於自己的每一分利益，絕不放棄應得的東西，這是他的選擇，也是他的追求。就像我舉的第一個例子，那個特別成功的開發商，他用源源不斷的創意和專業技術，為投資人創造了巨大的利益，這是他的成功。同時他也創造了很多美好的建築，達成了自己的使命。

美國房地產商人的技巧，其實都算不上是祕密。他們有保險意識，堅持利益，保持開放的頭腦，隨時隨地學習，不斷創新，這些東西我們今天也要學習，而且要把它們轉化為我們的內在競爭力。我希望我們能成為終身學習者，從經歷的每一件事情裡，琢磨出一些有用的東西。不管是大用還是小用，能幫我們實現理想願景的，都是好東西。

23 5G加IOT將是超越互聯網的巨大機會

我們生活在一個怎樣的時代？它是好，是壞？事實上，這可能是最好的時代了。我們生活在今天，可以說運氣非常好。

為什麼？吳軍博士曾在一次演講中提到一組資料。中國大概有三千四百年的文字記載歷史。縱觀歷史會發現，四十年不打仗的和平建設時代，現在是唯一一個。而三千四百年有多長？大概是一百七十代人。也就是說，你帶上了祖宗一百七十代的運氣生活在了今天。而中國有那麼多的賢明君主，那麼多了不起的清官，那麼多的豐功偉績，到了漢朝末年的時候，人均GDP達到四百五十美元。改革開放前是多少？購買力大約八百美元。現在呢？將近一萬美元。也就是說，古人歷經兩千年才從四百五十美元走到八百美元，而現在一代人的時間，就走到了一萬美元。這些進步，很大程度上要歸功於科技。當下人們最關心的科技是什麼？5G。吳軍對5G加IOT的未來市場做過估計，到二〇三〇年最保守是三到四兆。這又是什麼概念呢？今天日本的GDP是四點五兆，也就是說，如果你抓住5G的機會，就幾乎能做一個和日本的GDP相當的市場，比那些在互聯網裡創業的人，機會還要大很多。我對科技的了解比較淺，所以這裡我主要分享一下吳軍博士的見解。

吳軍博士對科技了解得很透澈。他是電腦科學博士，人工智慧、自然語言處理和網路搜尋方面的專家，還寫過一本有關科技變革的《全球科技大歷史》。他說，在影響人類文明進程的各種因素中，比如政治、軍事、宗教、藝術、文化和哲學，為什麼他最關注科技呢，因為它有個最大的特點：科技帶來的進步是可以疊加的，帶來的成功是可以複製的。有了科技，人類就能不斷進步。

比如剛才提到，中國有很多賢明君主，他們為中國的經濟進步做出了很大貢獻。但是，歷史上出一個唐太宗，過一陣子他的影響力就沒了。又出個宋太祖，過一陣子影響力又沒了。再出來個康熙皇帝，過一陣子影響力再沒了。所以吳軍博士說，世界上其他的很多因素，就像雲霄飛車，一會兒上，一會兒下。昨天成功了，今天失敗了，後天又成功，再過一天又失敗了，功過相抵，發展不穩定。但是科技呢，它帶來的發展是疊加式的。昨天成功了，今天成功，明天還成功。

除了在時間上疊加，還有空間上的疊加。舉一個大帆船和蒸汽船的例子。在工業革命以前的大航海時代，大帆船是世界上的「高科技產品」。它又大又便宜，運費低還可靠。但是大帆船有個致命的弱點，無法逆風、逆流航行。後來有一個人叫富爾頓，發明了蒸汽船，在哈德遜河逆流而上，很快就打破了原來帆船的紀錄。不到半個世紀，蒸汽船就取代了大帆船，成為全世界遠洋航行的工具。為什麼蒸汽船能夠贏大帆船？除了它本身的蒸汽機技術以外，最重要的原因是什麼？是當時工業革命正好是機械革命，任何一項機械的進步都能幫助蒸汽船打敗大帆船。所以這裡的進步一個是時間上的疊加，也就是在前人基礎上疊加進步。另一個就是空間上的疊加，把周圍的進步都用到你身上，獲得一個更大的進步。

回到未來5G加ＩＯＴ的大市場上。5G是怎麼回事？5G的特點是萬物互聯，也就是所有東西都要連上網。其實在5G之前，電腦和通信行業人看這件事有兩個不同的角度。

按照吳軍博士的介紹，電腦和通信行業人說我們經歷了三代互聯網。第一代是機器和機器聯網，你一下班，一關機，你就離開網路了。第二代是人和人的聯網，也就是移動互聯網。第三代，就是所有東西，桌子、椅子、板凳、汽車等等，所有東西全部聯網。那麼這段期間，設備的數量有多少？第一代到第二代，大概增加三四十億。到了第三代，算上可穿戴設備、智慧手錶，最保守的估計也得五百億。好了，幾百億個設備要聯網，那上網就有問題了，就需要一套新的網路系統。這是從電腦行業的角度論述。

新的網路系統，也就是4G不夠用了，用5G。它絕不是單純增加頻寬和頻率。因為頻率越高，其繞過障礙物的能力就越差。這就需要把基地臺建得密一點。今天4G的基地臺大概是每兩、三公里一個，5G的話，可能需要每兩、三百公尺就建一個。也就是說，5G的基地臺密度是現在4G的一百倍。能帶來什麼好處呢？首先，頻率高，傳送速率快。其次，每隔兩、三百公尺就有一個基地臺，因此每一個的功率差別很大。《全球科技大歷史》裡有一個判斷技術發展的方法，即單位能量傳輸處理和存儲資訊的效率是否在不斷提升。

所以，從通信行業的角度來講，在3G和4G的時候，雖然基本上一個人家裡的電話網是融合了，但通信網和互聯網還是不融合的。比如，你在外面用手機流量，回家用Wi-Fi，這是兩個不同的網路。而到了5G，當密度達到一定程度，家裡可能就不需要裝 Wi-Fi了。這也促成了互聯網和通信產業的融合。

那這個產業有多大？我們可以算一下這個受益者的數量。

首先，第一批受益者是那些做晶片和做作業系統的。舊的企業基因很難適應新的技術發展，因此會誕生一批新的企業。

第二批受益者就是做設備的。第一代互聯網是聯想、戴爾等PC廠家。第二代是小米、華為、OPPO、vivo這一批。第三代是誰，還不知道。現在全世界互聯網的市場在四千五百億美元左右，Google一家占了三分之一，加上百度、阿里巴巴、騰訊、臉書和亞馬遜，占到八十%多，這也是為什麼中國互聯網企業那麼多，創業都不賺錢。因為就這麼點市場，還被那幾家大企業給瓜分了。那電信市場有多大？大概三點八兆美元左右。所以這就是為什麼vivo、華為、小米發展都很好，原因很簡單，它們站在了大一個數量級的市場上。

IOT可以理解成第三代互聯網，5G是第五代的通信網路，5G加上IOT，市場有多大？最保守估計是三到四兆美元，我們平均算它三點五兆美元。所以，你在這個市場中做事，只要做對，機會就很大，比在互聯網裡的創業者機會大得多。

最後總結一下，科技進步是一個可疊加的進步、可重複的成功，這是第一個特點。

第二個特點是，它的發展趨勢，是用最小的能量來獲得最大的資訊處理傳輸和存儲。創業找方向，要找一個大市場。全世界互聯網市場才四千多億美元，還養了這麼多大公司，那麼未來呢？要學會抓住機會。

24 房地產未來的發展趨勢

吳軍博士說，第二代移動互聯網的全球市場有四千億美元。我算了一下中國房地產的市場，有二十兆。也就是說，中國房地產市場由於規模巨大出現了很多機會，也為想實現夢想的大家創造了條件。吳軍博士一直強調科技對人類發展的作用，在房地產業也是如此。技術為商業帶來了無限可能性，而商業需求和謀利的動機，也促使技術進一步擴大其應用的廣度和深度。

我先來說一下我對房地產的定義。在我看來，房地產是創造最具價值之固定的人造空間。第一，固定的人造空間。汽車、飛機，這是移動的人造空間，而房地產，是創造固定的人造空間。第二，有價值的人造空間。每一個空間都是要收費的，人不能白待在這個空間裡，這就有了商業價值。

如何去創造這個價值呢？空間要如何收費，才能既達成經營目標，又滿足人們的需要？這要從四個方面考慮。第一是地理位置，第二是管理，第三是金融財務，第四是房地產科技，這個賽道在二十年前是沒有的。這說明，從技術層面來研究跟房子的關係，將逐漸成為房地產投資開發經營的重點。

科技有三個方面的發明和應用，創造了我們的摩天大樓時代。第一個技術，鋼結構。原來建築是木結構，品質沒那麼均勻，也不能保證時間持久。而鋼結構帶來了可能。今天所有的高層建築、超高建築，都是鋼結構，而不是水泥。所以鋼結構先解決了往上發展的一個支撐。第二個技術，電梯。樓高了，人還要能快速上去，所以電梯很重要。第三個技術，玻璃。你想，如果都是石頭，怎麼可能壘到一百公尺，而且還是垂直壘。但玻璃是可以的，自重比較輕，透光。

這三個技術使人類進入摩天大樓時代。現在，五百公尺以下都是常規技術，五百公尺以上有點挑戰。正在營運的大樓是哈里發塔，八百二十八公尺。正在建設中的吉達塔一千公尺。在設計規劃當中準備建的是多哈杜拜塔，一千一百公尺。還有不服氣的阿布達比，準備要打破這個紀錄。所以，只要我們人類向上生長的技術不停止，人類的居住空間、工作空間的生產就是無限的。從這個意義上來說，我們的土地就是無限的。

建築物蓋這麼高，我們在裡面找不著方向怎麼辦？生活品質不好怎麼辦？沒關係，我們還有三個技術。

第一個技術是點對點通信。大家都知道北京有個「大褲衩」[9]，裡面同時就有幾萬人。如果沒有手機，沒有聯繫，你進去以後就暈了。點對點的通信，能保證人在複雜空間裡的有序活動。

第二個技術是新能源。有了新能源，我們在複雜空間裡的享受是一樣的，生存環境是一樣的，光亮的密度和空氣的密度都是一樣的。所以這一點也是靠技術。

第三個技術是奈米材料。建築物未來要建得越來越高，材料也要越來越輕，奈米材料應用使之成為可能。

房地產科技使空間運用形式也發生變化。

第一個變化是複合化使用。以前建築的功能是單一的。住宅就是住宅，辦公大樓就是辦公大樓。現在，一個空間可以有多種功能，住宅除了自用，還可以租給別人，比如Airbnb。而辦公大樓，現在是眾創空間，把社交、娛樂、創業、辦公、生活全放在一起。咖啡館，也聚合了寫作業、約會、傾訴、坐著看風景、談商務等功能。這就是空間

9 中國中央電視臺總部大樓。

的複合化使用。

第二個變化是空間智慧化。最簡單的智慧化就是人臉識別。你看一眼，門就開了，也不需要專門僱一個人看門了。以前缺什麼檔案，你得打發人去取，當天還不一定能拿到，現在，你可以從「雲」裡頭調出來。今後，智慧化的空間將成為一個習慣，它是標配，不是頂配。

第三是健康空間。這個空間不僅要智慧化、高度複合化，還要健康，也就是依據空氣、飲用水、光照、聲音等等，一共七大類一百一十五個指標，來判斷一個空間是否健康。

除此之外，馬斯克說要把一百萬人弄到火星上去。火星只有半個地球大，地表的溫度是零下五十度，沒有氧氣，有二氧化碳。怎麼整?現在房子也設計出來了，是個充氣房子。也就是說，房地產最重要的就是研究技術，研究科技和我們之間的關係。只有這樣，才能做好房地產生意，同時為大家提供更好的空間去享受生活、創造事業。

技術為商業帶來了無限可能，而商業的需要和謀利的動機，會促使技術進一步擴大它的應用廣度和深度。在這個過程當中，需要吳軍博士說的，疊加的進度，從而能縮短時間，更快地取得比前人更多的成功。

第三部分

用增長思維實現永續經營

25 少做決策才是上策

這麼多年我時常出差，每年都要飛一百五六十次，多數時候，我都選擇住在文華東方酒店。不光是因為這個酒店背後的主人和我關係密切，更關鍵的是，這個主人家的故事總是浮現在我腦海裡，讓我每一次在文華東方酒店下榻的時候，都覺得是在歷史當中被滋潤著、啟發著。

文華東方酒店的主人是誰呢？就是我們讀近代史的時候，經常會提到的英資企業——怡和洋行。我推薦過一本書叫《洋行之王：怡和與它的商業帝國》，講的就是怡和集團歷史興衰的故事。怡和集團其實有快兩百年的歷史了。它最早叫渣甸洋行，創辦者是兩位來自蘇格蘭的年輕人，威廉．渣甸和詹姆士．馬地臣。就像今天年輕人的創業故事一樣，這兩個年輕人其實是學醫的，在東印度公司貿易的大船上幫人看看病。時間長了，他們發現幫別人看病賺得太少，而在船上拉東西、做貿易，賺錢更多。於是，這兩個年輕人就放棄了在船上做醫生的工作，跳下船來上了岸，在廣州開始創業，成立了渣甸洋行，也開始學著做貿易。

到了一八四一年香港開埠的初期，他們買下了香港第一塊公開拍賣的土地，開始在香港置業，也就是今天的房地產業務。一八四三年，他們又在上海拍得一塊土地。怡和洋行後來參與了內地很多的經濟進程。直到一九五四年，怡和洋行才退出內地。

後來在香港，怡和洋行的事業在一位年輕人手裡得到復生。

這位年輕人當時只有二十多歲，非常年輕，在香港以僅有的五千萬港幣繼續他的生意，我們今天叫二次創業。直到一九八四年，他把公司的註冊地點遷到了百慕達。這家企業算是鴉片戰爭前後在中國設立的一家很老的企業，並且一直延續到今天。

今天，它是全球五百強企業，僱用四十多萬員工。旗下還有牛奶公司、文華酒店、美心速食等。更重要的是，它在中環有七棟特別值錢的物業，包括中環的置地廣場、證券廣場等等。

這個主人家綿延了差不多兩百年的故事，一直都引發我很多的好奇。當年二十多歲的年輕人，凱瑟克先生，如今已經快八十歲了。我跟他有很多交流，每年夏天，我都會去他在倫敦附近的一個莊園住兩天，跟他聊聊天。

在這個過程當中，有兩件事情讓我印象特別深刻。

第一件事情是，有一天，我和幾個朋友一大早起來就去莊園拜訪。一進門，老先生非常高興，拿著兩張紙，緩緩地指著其中一張說，今天我的市值超過了李嘉誠。他又指著另一張紙說，這是我十幾年來的投資，每年的回報都超過了巴菲特。這「傢伙」太厲害了，於是我們坐下來和他慢慢聊，問他是怎麼做到的。

我們聊了很多事，問到了背後的邏輯、故事、祕訣、方法。凱瑟克先生只說了簡單的一句話，翻譯成中文就是：減少決策。他緩緩地說，我的經驗就是，當你決策多的時候，事實上你失敗更多。因為你頻繁地決策，你的資訊不完全，而且時間緊湊，會有很多盲點。另外，你進入很多新的領域，接受不必要的誘惑，都會導致失敗。只有一直做那些沒有停下來的事情，一點一點把它們完善好、修復好、整理好，才能創造最大的價值，而那些東一下、西一下的事情，賺不了什麼大錢。

這真的是很值得思考的問題。我們都說巴菲特是價值投資，長期持有，其實也是減少決策。我們就問他，怎樣減少決策？他講了一個故事，算是對我們這個問題的回答。

在二十世紀六七〇年代，怡和是英資，李嘉誠是華資。李嘉誠對香港置地資產一直有非常大的興趣。於是在一九七八年和一九八八年分別發起了收購，但都沒有成功。

一九七八年，李嘉誠看好九龍倉，開始吸納它的股票，引來了股民的瘋狂跟隨。這時候，怡和正經歷海外收購失利，所以就請滙豐銀行出來當中間人，和李先生講和，於是李先生就把自己手裡九龍倉的股份以高價轉賣給了包玉剛，這是第一次談判的結果。

雖然李先生沒有併購成功，怡和仍然失去了九龍倉，但從中賺了好幾億，也不算太吃虧。這筆錢後來用來購買了香港置地的股票，並將香港置地歸集到怡和的名下。因為時局的影響，香港的市場比較冷，怡和在大環境影響下也面臨一些困難。這時候，李嘉誠又一次出手想要收購香港置地，這是怡和和李嘉誠以及其他華資財團進行的一次特別的較量，之後終於坐下來談判，最終港資對怡和的狙擊仍然以和談收場。

怎麼收場呢？這兩個人簽了一份很有意思的合約。合約規定，李嘉誠每年減持一%，怡和每年增持一%，也就是說，怡和每年從李嘉誠手裡收一%，李嘉誠每年轉讓一%的股份給怡和，但每年的價錢隨行就市。這個合約要執行多少年呢，一共是二十六年，李嘉誠才澈底從香港置地退出。直到二十六年之後，怡和才重新控制了香港置地五十一%的股份。做了一個決定，然後堅持二十六年，結果是什麼呢？當然是雙贏。

由於香港置地每年有一%給了怡和，怡和從李嘉誠這拿到的股份越來越多，對企業管理投入的精力、資源和心力就越來越多，於是香港置地就越來越好。而李嘉誠每年賣一%，隨行就市，也沒吃虧，比一次賣掉要多賺很多錢。所以經過二十六年，香港置地的價值大大提升，而且擁有香港中環最核心地段最主要的物業。

做多好，還是做少好；快速地動好，還是安靜地靜好；連續朝一個方向累積好，還是四處出擊好……對於一個企業家和商人來說，這些選擇是每天都會碰到的。凱瑟克先生告訴我們的結論和巴菲特類似，就是減少決策。靜比動好，少比多好，精細比粗放好，耐心是贏取財富最主要的法寶。

凱瑟克先生現在快八十歲了，每天仍然去倫敦的辦公室上班。既然要減少決策，為什麼還要努力上班？這好像不太好理解。老人家又說，雖然我不決策，但我還是要看看原來的決策能否沿著既定的方向持續地走，而不應該閉著眼睛睡大覺。市場的聲音很多，你要去聽一聽、看一看，這也是很重要的。我問他，市場應該怎麼判斷呢？有一天吃早飯的時候，他指了指身邊的一個老朋友說，這位先生是香港股票交易所的第一任總經理。那一天老先生在看倫敦的《金融時報》，他把報紙放下來，抬起頭看著我微笑地說了一句話：「市場的鼻子很長。」

我覺得英國人的幽默很有意思。「市場的鼻子很長」，也就是說，市場上傳達的資訊要非常仔細地去聞、去把握，因為市場可以預知未來很久才可能發生的事情，而這段時間是很長的。市場的聲音很多，你應該怎麼做呢？老人家又說了一句非常經典的話：「用心傾聽，朝相反方向做。」

比如說，市場上很多媒體、分析師都在講，國內的房地產價格越來越高，規模、成本、速度很重要，要快速周轉、快速銷售、快速拿地。按老先生的話說，就是用心傾聽，但是要朝相反方向做。

怎麼做呢？就是在住宅以外去持有那些最有價值的物業，用香港置地的話來講，就是在最貴的地上建品質最好的物業，租給最有錢的人。這就是用心傾聽，朝相反方向做。結果證明，他們一次又一次朝相反方向做了以後，減少了決策，靠時間、耐心去爭取最後的成功，而且是大成功。

與此同時，差不多二十多年前，我們六個年輕人也在北京做房地產。從做的數量來說，在北京核心商業區裡有小一半的房子是我們六個人打拚出來的。我們分成了六個公司，又做了很多事情，房子的確蓋了不少，面積有一百萬平方公尺的十倍還不止。可是我們得到的價值呢？我們做了賣，賣了做，不停地來回，今天的價值可能還抵不上別人的十分之一。

由此我進一步體會到，在大市場發生變化的時候，應該吸取怡和洋行這些行業老手的經驗。老先生的這兩句話值得我們反覆玩味，時刻牢記，所以我複述一遍。

第一句話，當很多事情誘惑你的時候，一定要提醒自己減少決策。

第二句話，市場的鼻子很長，我們應該眼觀六路，耳聽八方。用心傾聽，朝相反方向做，為人所不為，也用時間來證明你。朝相反方向做，同時減少決策堅持下去，最終一定能夠成功，這就是老先生告訴我的成功之道。

26 利潤之後的利潤，成本之前的成本

我們創辦企業、做生意，肯定是要把企業做好，讓人生豐盛，不辜負時光。在做生意的過程中，很重要的一點，就是在遇到問題時把人了解清楚，看清楚人的內心世界，他真正是怎麼想的，也就是說，要看到人內心的真實想法。過去我們講的「世事洞明，人情練達」，其實就是說要看懂人。

對一個人而言，看不見很慘；稍微好一點，眼睛看得見。但看得見不等於看得清，所以還要往前走一點，或者戴個眼鏡，你就能看清了。看得清又不等於一定看得懂、看得明白，所以還要再努力一點，看明白，或者叫看透。

「看透」看的是什麼呢？就是不僅看見、看清、看明白，關鍵是還看到了這個現象、這個人的本質，你把他看懂。比如我們看一個人，他對誰都笑，但你不知道他內心其實有苦楚，甚至有仇恨。但他仍然可以微笑，這就是人的複雜之處，也是我們看世界

最困難的地方。

我們公司曾經有一個美國員工，他很早以前就到了中國。當時我們有一家購物中心，因為他在美國是一個不錯的經理，我們就請他來管這家購物中心。他工作了一段時間以後很困惑，因為沒有太大成效。他就找到我，說要跟我聊一聊。我說有什麼困難嗎？他說：「我發現所有人都在跟我笑，我不知道敵人在哪裡。」這是他告訴我自己遇到最困難的事情。

我聽完就笑了：「在中國，看透人非常困難。的確，所有人都在跟你笑，伸手不打笑臉人。幾乎所有人都會給你面子，當面都會跟你客氣，而且微笑是最常見的表情。」在美國就不這樣。美國人相對直接，敵人在那，他一定要挑出來，而且一眼就能看出，他們會直接解決問題。這個美國人不知道敵人在哪裡，就不能解決問題。購物中心經營得不好，也不知道怎麼辦。這就是特別有趣的問題，讓我留下非常深刻的印象。

這件事也說明，我們看見容易，看透難。舉個例子。需要拜會對方公司的領導者，如果是年輕人去，負責人接待很熱情，年輕人回來就會跟老闆說：「這事沒問題，放心吧。」要是派個有經驗的人去，即使跟負責人一起吃了飯又喝了酒，回來他可能還是會思考到底有什麼想法。中間這點差距，就是看透和看不透的差距。看透，就是永遠能看到事物的背面和另一面；看見，只是看到表面的事情。

做企業難就難在這。「世事洞明，人情練達」，說到容易做到難。在中國做企業，很多時候表現為跟人打交道，也就是懂人情世故。你得知道每一個眼神、一個動作後面意味著什麼，而且中國人很害羞，很多觀點不愛直說。所以就需要累積一些經驗，而且需要對人有深刻的了解。

不光是做生意，這種性格在很多方面都有表現，不像其他地方或民族那麼直接。我有一次去越南，到錢櫃去唱歌。看到歌單上有一首歌的名字特別有意思，叫《你愛我的樣子很中國》。問了當地的朋友才知道，它是說：「你愛我，但是很拖泥帶水，想說又不直說；你想有所表示，又不敢行動。」也就是說，中國人表達自己的觀點不直接。由於表達觀點不直接，所以在日常交往過程中，會產生一些錯覺，甚至是幻覺。

在中國做生意，對懂得人情世故的要求變得特別高，如果不這樣，就很難做成事情。之所以會這樣，是因為我們做事，依靠的是人的系統，也就是關係系統，而不是靠法制系統。法制系統是確定的，而關係系統不確定，所以就需要拿捏得很準確。

比如說審批。在一些發達的市場，有一套流程，你照做就是了，不需要天天找上級去批准。哪怕在臺灣，做生意都特別簡單。我曾經在臺灣做過一個項目，遇到一點事，老不批准，我就很著急。我跟那個合作夥伴說：「這事不行，我趕緊過去，咱們得找人。」他說：「不用，你不用管，放著我來就好。」過了兩天還沒有動靜，我說：「那不行，你趕緊找人，你不找我就找了。」他說：「馮先生，不用去，到了星期五，他要不給我批過，我就罵他。」我說：「你罵他有什麼用？你罵領導者，你還活不活了？」這是我們大陸人的心態。可是他一聽就笑了，他說：「馮先生，沒問題，你不用管。他要是不給我辦，我就開聽證會、開記者會罵他。因為我們的項目是合法合規的，他沒有理由拖著不批。」果然，還沒到星期五，批准的檔案就掛到網路上了。我覺得這買賣人可真厲害。他們有一套法制和依法行政的系統，有媒體監督的系統，有確定性的系統，所以我這個夥伴，他才能那麼篤定，才能那麼有信心，也才那麼有把握來處理那些事。

目前我們的狀況是一些方面做得不夠完善，變化很多。所以這種情況下，就需要洞悉人性，洞悉別人只能看見但你能看透的事情。光看透還不行，看透之後還要能把事情做到位。

比如說，做生意，追求利潤，有的人很願意「爭」，斤斤計較。賣一瓶飲料能賺十塊錢，少那麼一丁點，比如九塊九，都不行。很多人都是這樣。但是你要做大生意、做得好，就應該學會「讓」。「讓」不是「送」。把錢都送給別人了，那不叫生意。我們講的是讓，就是不絕對，而是把賺多賺少相對地看，這樣就能很快達成交易。比如上面講的，不賺十塊錢，九塊五行不行？少賺一點點，九塊行不行？這就是讓一點。那麼對方感覺到，占了你一點便宜，他也很開心。你也不用跟他拉拉扯扯，花很多時間。所以在我們公司，我強調「讓」的文化。「讓」的文化，就是要看到利潤之後的利潤，以及成本之前的成本。

什麼是利潤之後的利潤呢？比如說，按照市場合理合法的標準，不做錯事，我能賺十塊錢。但是要賺到這十塊錢，我可能要跟人談兩個禮拜才能談成，這兩個禮拜的成本，八塊錢就出去了，內心還不愉快，又一塊五沒了，其實也就賺了五毛。而且別人覺得我這個人很「雞賊」[10]，這點事扯那麼長時間，雖然達成交易了，他也不願意再來找我了。於是換一個方法。我選擇只賺八塊，是什麼結果呢？我讓對方占了兩塊錢便宜，他有點小成就感，覺得打交道很舒服。以後一旦有機會，他第一時間還來找我，於是我可能兩個禮拜做了三次生意，也就是二十四塊錢。減去這兩個禮拜的成本，八塊錢，還剩十六塊。所以，總體來算，這真要賺得多更多。

---

10 北京話，用來形容一個人吝嗇、愛計較。

這個算帳方法，就是不要把瞬間的得失絕對化。多那麼點，少那麼點，都可以。這樣的話，大家都覺得跟我做生意很舒服。當所有人認為能占到便宜，都來找我的時候，我的機會就多了好幾倍，也就多了很多條路。所以，我們注重的是交易的頻率、交易的感覺，是交易的絕對利潤。這次可能差一點，差得也不多，但是多交易一次不就都回來了嗎？這就叫利潤之後的利潤。

成本之前的成本是什麼呢？就是高看人一眼，給人面子。我們以前也講過，在中國做事情，當你給人面子的時候，往往交易也就達成了。注重成本之前的成本，就一定會尊重別人，而當你尊重了別人，別人就願意跟你做生意。所以我們會發現，凡是會做生意的人，都特別會應酬。什麼叫應酬呢？就是給別人面子，開車門讓別人先上車，吃飯給別人夾個菜，這就叫給面子。很多時候，我們中國人為面子生存、為虛榮心存在，這是我們的一種文化基因。為什麼有這樣的文化？原因很複雜。我們必須記住，面子這件事很重要。

因為算的是利潤之後的利潤和成本之前的成本，所以跟別人談生意，就不那麼困難了。當然了，因為不計較，我們公司負責財務的同事，老覺得我讓得有點快，讓得有點多，有時候會對我產生一些牴觸情緒，這也是很有意思的一個小插曲。

27 企業要像軍隊，用小成本完成大任務

熟悉我的朋友都知道，我對新加坡的印象非常好，挺喜歡這個地方。去的次數多了，當然就對新加坡越來越了解。歷史上，新加坡曾經先後被英國和日本殖民。二戰後，還曾短暫地被併入馬來西亞，直到一九六五年才實現了獨立。

獨立之前，新加坡作為英國的一塊殖民地，除了現在的領土，還管理著一個千里之外的島嶼——聖誕島。為什麼叫這個名字呢？一六四三年十二月二十五日，也就是聖誕節的那天，一個叫威廉．邁納斯的英國船長，在印度洋發現了一個面積約一百三十平方公里的小島，便隨口取了個「聖誕島」的名字，標記在地圖上。兩個世紀以後，聖誕島成為英國的殖民地。直到一九〇〇年，聖誕島又被併入英屬海峽殖民地。由於這個聖誕島遠離新加坡本土，反倒是離澳洲相對更近一點，有一定的軍事和戰略價值，於是就被澳洲盯上了。澳洲與英國經過一番協商或者說利益交換，一九五八年英國制定了《一九

五八年聖誕島法令》，把聖誕島割讓給了澳洲，新加坡獲得兩百九十萬英鎊的賠償。當時新加坡還沒有獨立，所以在這件事情上也沒什麼發言權。

由於曾經被新加坡管理了半個世紀，聖誕島的居民多數是從新加坡移民過去的，而且主要是華人。即使到現在，聖誕島上的居民大部分也是華人，差不多占島上總人口的七十%，島上華人間通行的是廣東話。島上的氣候是熱帶海洋性氣候。樹多、鳥多，盛產磷酸鹽礦。過去開採磷酸鹽礦是島上的支柱型產業，隨著磷酸鹽礦的枯竭和生態環境的破壞，聖誕島在近年來也開始發展旅遊業。

我聽說了這個挺有意思的小島後，就和幾個朋友一起去這個島上轉了一圈。這個島讓我印象最深的，除了島上有一些從阿富汗、伊拉克偷渡而來的難民以外，還有島上的紅螃蟹。

這種紅螃蟹，在島上到處都是。牠的外殼特別硬、特別紅。和大閘蟹之類的淡水螃蟹不一樣，這種紅螃蟹屬於地生蟹，只有小螃蟹需要生活在海裡，成年的紅螃蟹則生活在雨林裡。當地人告訴我，每年十一月、十二月，在聖誕島正式進入雨季之後，紅螃蟹就開始了一年一度的大遷徙。牠們離開叢林中的巢穴，到海邊進行交配和產卵，然後再回到熱帶雨林。遷徙的過程中，牠們以每小時六百至八百公尺的速度前進，並依靠對大海溫度的感知辨別方向。

如果拿一隻紅螃蟹仔細看，你會覺得牠沒什麼特別的，殼還沒大閘蟹大，螯看起來也沒那麼有力。但是成千上萬隻聚在一起，看上去像千軍萬馬一樣，場面非常震撼。由於灼熱的天氣、遙遠的距離，以及其他動物的威脅，許多紅螃蟹都會在遷徙途中死去，最終只有六十％至七十％的紅螃蟹能夠到達目的地。

在聖誕島上存在著十幾種螃蟹，體型最大、最兇猛的一種叫椰子蟹。椰子蟹可以活八十多歲，螃蟹殼能長到籃球那麼大，而且螯特別尖利，能把汽車輪胎戳破，相當嚇人。在紅螃蟹集體遷徙的時候，椰子蟹會守在牠們的必經之路上。就像非洲大草原上的動物遷徙時鱷魚會守在牠們的必經之地發動襲擊一樣，椰子蟹也會對紅螃蟹發動襲擊。這個時候椰子蟹雖然兇猛，但架不住紅螃蟹多。有可能椰子蟹剛逮住一隻病殘的紅螃蟹，身邊已經跑掉了一百隻健壯的紅螃蟹。依靠著龐大的數量，在和椰子蟹的競爭中，紅螃蟹始終沒有輸掉，並且維持了龐大的族群。在進化與對抗中，紅螃蟹形成了這樣一種生存策略。

不知為何，和大家說起這些紅螃蟹時，我就想到了新聞中的「血汗工廠」。一個大廠房裡密密麻麻全都是工人，大家聚精會神、埋頭幹活的樣子，和狂奔中的紅螃蟹何其類似。

在過去幾十年裡，不少民營企業裡出現了一種和紅螃蟹類似的組織形式。這種組織形式就是人們常說的「羊群式的組織」。羊群是分散的，活動範圍由牧羊人和領頭羊決定，就像紅螃蟹遍布聖誕島，但牠們的生存範圍是由島嶼的大小決定的。

在以前，採取羊群式組織的企業，往往和紅螃蟹一樣嘗到甜頭，單純地透過人海戰術，依靠人力成本的優勢把企業做起來，甚至做得不小。就像紅螃蟹一樣，很快就能在聖誕島上發展到數億隻的龐大規模。採取羊群式組織形式的企業，雖然群體數量龐大，但是也很脆弱。和紅螃蟹一樣，因為挖掘磷酸鹽礦，生態環境曾經遭到破壞，紅螃蟹的數量也一度大幅減少。

商業環境比聖誕島上的生態環境殘酷多了。企業不能像紅螃蟹一樣，守著幾千年的習性不變，必須不斷拓寬自己的邊界，在保持自我優勢的基礎上，找到新的利潤增長點。這其中，改變組織形式就很關鍵。

我以前也講過，傳統的組織形式可以分為三類。

第一類是羊群式的組織。採用這種組織形式，初期容易把規模做大，但內部結構脆弱，一旦遇到增長瓶頸就很麻煩，屬於大而不強的類型。

第二類是樹冠型組織。過去不少家族企業喜歡採用這種組織形式，把管理的幅度盡可能縮小，讓自己家族的人牢牢掌控著企業。這種組織形式的好處就在於對企業的掌控力很大，不好的地方在於過於封閉，依靠家族人才的培養，總是有局限性。

第三類是織物式組織。織物就是做衣服的布料，不管怎麼延伸，花紋都不變。這就是工業化、標準化帶來的好處。但是這種連鎖店式組織的擴張也遇上了線上購物的挑戰，怎麼解決標準化背後的供應鏈和成本問題，是織物式組織必須考慮的。

我在聖誕島看到紅螃蟹的時候，一方面是感嘆大自然的神奇，另一方面聽當地人介紹紅螃蟹數量減少，我也覺得很感慨。因為這些生物都是憑著本能在生存，很難改變牠們的行為模式，一旦外部環境發生變化，牠們便無法阻擋自己的消亡。我們做企業，可以不斷去研究新物種、新事物、新的商業對傳統的變革，去研究更新的組織形式，從各種事物中找尋一些借鑑。

那麼，企業應該去哪些組織當中找到更新的靈感呢？我自己喜歡從軍隊裡學習。戰爭的對抗比商業的競爭更嚴酷。它是變動中的對抗，是你死我活的對抗，所以軍隊組織的變革比商業組織更具競爭性和超前性，而且現在的軍隊組織跟過去完全不一樣了。工業革命時代的戰爭，飛機、大炮狂轟濫炸，戰爭模式是大規模、工業化、屠殺式的，現在則變成了大後臺、小前端、智慧化、精確打擊。

伊拉克戰爭期間，美國之所以很快就把海珊打倒了，全世界也都看傻了，其實就是一個變化，美軍那時候使用的炸彈，八十%都是智慧炸彈。打仗的時候，美國用炸彈找伊拉克的坦克，而不是用坦克直接打坦克。這種變革導致軍事組織後臺系統變得越來越大，而前端越來越小。

軍事組織的變化，企業是可以借鑑的。未來商業模式在不斷變化，越來越複雜，企業的組織形式只有不斷變革，才能像軍隊一樣，用最小的成本完成最多的任務，從而實現永續經營和持續增長。

28 經濟形勢低迷，如何逆勢進階

有報導說二〇一九年經濟下行，壓力比較大。有人抱怨生意不好做，市場也不好，但是拿不定主意，到底應該在別人恐懼時貪婪一下呢，還是看著別人過去的貪婪，現在應該恐懼一點呢？是該進，還是該退？該停，還是該走？在這個時候，我們得有一個判斷的方法。

「做事有度」，這個「度」，幫助我們理解做事的邊界在哪，進退的尺度怎樣把握。這在人生當中是一個小話題，但關乎你的大命運。

以房地產為例，過去二十多年證明，在住宅市場銷售情況不好的時候，房地產商拿地補倉，有時候是個好機會。這意味著你可以用更低的成本拿到地，等到市場升溫的時候，你可以把產品賣出去，然後獲得更高的收益。

做這樣的決定，是需要冒風險的。因為你對未來的判斷——市場什麼時候回來，以什麼方式回來，回到多高，並沒有人能夠準確地告訴你，你需要完全靠自己的經驗、直覺去判斷。

正因為這樣，企業家也好，職業經理人也罷，我們在市場波動的時候，擔負的責任都很大。你一個預判錯了，可能接下來會有一系列失誤，這樣的話，公司將陷入難以自拔的苦難境地。

回想起來，在一九九〇年代初，我們在海南做房地產。那時候海南剛剛建設，每個人都充滿了激情，充滿了希望，兩眼放光。在最初兩年裡，房子一天一個價，「芝麻開花節節高」，我們每天都忙不過來，都不想睡覺。彼此見面就會說：「今天怎麼樣，賺錢了嗎？」回答大多都是：「不好意思，沒留神我就賺錢了。」

其實那個時候海口人非常少，只有十五萬常住居民，還有一些外來人口，加起來三四十萬。那麼有多少公司呢？近兩萬家房地產公司。這麼點人，這麼多的公司，應該說是房地產公司密度最大的一個市場。

潘石屹做了一個計算。那個時候，海南人均住房面積已經達到了四十九平方公尺。與此同時，可對照的，北京人均住房面積是多少呢？七點四平方公尺。可見，在海口這樣一個並不富裕、GDP只有幾百美元、經常停電、沒有紅綠燈也沒有交通規則的地方，人們炒的房子，已經接近人均五十平方公尺了。這裡擁有密度最大的、數量最多的房地產公司，這樣一個不斷吹起來的巨大泡沫，其實我們多數人並沒有知覺，沉浸在每天的興奮之中。甚至那時候，有些人就開始飄了、「嗨」了，張口閉口就是「天天過年，夜夜結婚，海口最好」。這個時候，我們都在貪婪的路上快速地奔跑著。直到有一天，我回北京，碰到了一些朋友，他們告訴我，馬上要出一個政策刺破這個泡沫，我才警醒過來，把帳一算，覺得確實很嚇人。於是，我趕緊跟小夥伴說收手，大家停下來，轉移到海南以外。幸好我們比別人快了一點點，所以我們活下來了。時間差了多少呢？也就是半個月到一個月左右的時間。

有人常常會引用巴菲特的一句話：「別人瘋狂的時候我恐懼，別人恐懼的時候我貪婪。」這句話講得很有哲理，喜歡這句話的人也很多，但能做到的人非常少。為什麼呢？因為從做生意的角度來說，收手就意味著降低利潤，要虧本，要斬倉，要停下來。所以有時候人是忍不住的，這個忍不住，內在的衝動，其實就是貪婪。

實際上，除了把握繁榮與蕭條之間的轉換節點非常重要之外，把握好政府、企業、市場這三個角色之間的關係，也有一個度的問題。這個度把握不好，就可能把企業做死了。從道理上講似乎挺明白，但是要讓大家能理解透，很不容易。

有一次和朋友喝酒，我把自己都喝倒了。喝倒之後，醒來，又想到這件事，突然間想明白了。這個道理原來就像喝酒。

我們先說企業。企業每天在興奮地追求發展、追求規模、追求速度的時候，就像喝酒一樣，越喝越興奮，越興奮越喝。然後你就停不下來，而且越喝，越認為自己沒醉。實際上就是一路狂奔，奔到危機的時候不承認危機，反而認為是更好的一個機會、更大的一個前程。

市場就好比是一家酒店，有很多可以選擇的酒，苦酒、甜酒、酸酒等等。市場提供一切的需求和可能，同時也提供各種誘惑你的機會。

而政府，就好比酒店的經理。政府就是要維持市場秩序，讓大家又「嗨」又不打架。既能夠喝到想喝的酒，又付得起錢，也就是說，既能夠讓大家找到快樂，又要讓周邊的人感覺到安全，這就是政府。所以，企業、市場和政府之間的關係，實際上就是酒徒、酒店和酒店經理之間的關係。

那麼，問題出在哪呢？

對於喝酒的人而言，也就是對於企業來說，第一種也是最常見的喝多了的原因，就是不斷地自我放縱。在這個過程中，麻痺自己的神經，讓自己對周圍的風險完全失去知覺。比如說，企業不斷地快速發展、追求暴利，最後麻痺了，忘了企業不能承受之重，突然市場逆轉，企業掉頭向下就完蛋了。所以過分追求快樂、追求刺激、追求興奮的享受，會麻痺自己對風險的感覺和對危機的預知。

第二種情況，喝酒的倒不瘋也不興奮，也沒有那麼狂，但是酒沒有找對，喝了假酒。或者本來身體只能承受低度酒，卻喝了烈酒。這也是說，一個企業，在尋找產品、商業模式，或者尋找經營場地、市場方向的時候，走錯地方了、找錯人了、辦錯事了。這樣你就會落入陷阱，即使沒有喝多，也可能把身體搞壞，最後不想喝了，就把自己給憋回去了。

第三種情況是被周圍的人激的。有人來勸酒，有人來灌酒，結果把你逗起來以後，這些人就走了，然後你自己跌落到椅子下面，成為一個迷醉者、一個迷失者。

因此，企業想要不「喝多」，需要和對的人一塊喝，找到對的酒，然後在身體還能承受的時候喝，而不要過分地追求一時的快樂。就好比一個理性喝酒的人，享受喝酒的過程，淺酌慢飲。在這樣的情況下，喝酒是快樂的，而且不會喪失清醒的判斷，同時能夠在和別人的談話中得到滋養。

顯然，平衡需要高超的藝術。不僅企業要透過經驗和知識把握市場的度，關於市場和企業的運行，以及調整行為的政策，也需要政府去拿捏一個比較恰當的度，否則會讓市場不知所措。

舉個例子，海南決定建設自由島之後，政府採取了限購房地產的政策。海南本身人非常少，來買房的大部分是外地的，所以這個限購，把外部市場需求遏制住了。當地住房、度假的市場出現一定程度的萎縮，而萎縮又為地方政府的稅收帶來了壓力。最近中國政府出了四五條政策，希望能夠重新啟動住宅的市場，但是與此同時，不解除限購。

如何平衡這個度，對政府來說，需要智慧、需要客觀、需要理性、需要有預見性。

政府想讓大家「喝好」，「換酒」的時候，可以給更多選擇，讓市場保持活力。「白日放歌須縱酒」是一種快樂，但也要記得，慢慢地喝，要掌握好度，讓生命不僅燦爛，而且平安。

29

裁人還是被裁，都是新的機會

過去這段時間，我聽到不少關於裁員的討論，房地產、互聯網、廣告業、汽車業，很多企業都在裁員。面對經濟下行的壓力，企業生存艱難，為了活下去，裁員似乎成為一些企業的首選動作。這股裁員的大潮，幾乎是和二〇一八年的冬天一起到來的。根據招聘平臺的資料，二〇一八年第四季度，僅在IT、互聯網行業，招聘職位的數量就比同期減少了二十%。到了二〇一九年冬天，裁員的浪潮似乎還沒有完全過去。對於企業而言，我覺得，面對困難或者大環境的變化，裁員並不見得是一個最好的選擇。

應對危機，裁員是企業本能的反應，但這並不一定是最理想的。因為裁員只能緩解陣痛，這個時候，公司面對的不僅是人的問題，還有很多資產效率低下、很多戰略上的失誤，以及其他方面的因素。如果只埋怨人，盯在人身上，往往會掩蓋企業在其他方面的失誤。實際上，是整個戰略錯了，資產配置錯了，才導致了個人的效率低下，相對地，才感覺人員冗餘。

公司其實更需要反覆檢討的是內部問題，包括自己的企業定位、戰略、價值觀、業務模式等等。在這個過程中，再來看哪些地方需要減人，哪些地方可以加人，哪些地方要減資產，哪些地方要加資產，哪些地方退，哪些地方進，而不是簡單地裁人。在經濟下行或者陷入低潮的時候，企業進行系統認真地檢討，用這種「犬牙交錯」的方式來解決人員增減問題，才是聰明的辦法。

所謂「犬牙交錯」，就是有增有減。今天某項業務創新了，那麼這個地方就應該增人，其他地方效率低下或者做錯了，那就要減人。不應該從絕對數來考慮，大刀闊斧地裁員，而應該是犬牙交錯式的。透過應對行業變化、企業生命週期的變化，透過戰略的檢討、產品的檢討和商業模式的檢討，來相應地做人員的調整。這才是企業面對危機時最有效的方法。

反觀商業歷史就會發現，全世界沒有一家公司是透過簡單地增減人員就把自己救活的。特別是管理者、領導者，在裁人的同時也需要把自己腦子裡的舊戰略、舊觀念、舊方法一併裁掉。自己的觀念改變了，才能配合人員的裁減來調整公司整體的業務方向，把公司從低谷中拉上來。

從企業來看，作為一個領導者，應該按照這樣的順序：先裁自己的腦袋，再裁低效資產，再裁錯誤的產品，再裁錯誤的商業模式，最後裁人。這樣才能救活自己。

那麼裁員，對於那些被裁的職場人，是不是壞事呢？

在公司做出業務方向調整、人員增減變化，自己不得不離開公司的時候，有些人總是帶著很多負面情緒，其實這是不必要的。公司裁減了人員，改變了業務方向，調整了商業模式，自己和這種調整發生了摩擦，離開只說明不適合，並不代表能力被否定，也不意味著自己就沒有價值。這麼想，你就有了出路。

正因為現在的公司不合適，你才應該去找一個適合你的公司。這就意味著你會從一個原本表面繁榮的舒適圈走出來，到一個真正能夠讓你跳得更高、有更好的起跳點和起跑點的場所，一個新的職場、一個新的戰場，去進行下一輪的人生賽跑。一個人越是這樣有積極的人生態度，就越能主動地參與被選擇或者自由選擇的過程，就越有可能找到更好的發展機會，使自己的能力在更合適的地方發揮出來。

前一陣子，我們一個公司的某位年輕員工要離職。他發了一則訊息給我，講了這個情況。我回覆說：「你快點去拚吧。既然自己做出了選擇，就要開心。選擇就是放棄，放棄的目的是為了追求自由，所以加油。」

這麼多年，以我的人生閱歷來看，市場中的人才主動選擇其實是更重要的選擇，被動的選擇是其次甚至是等而下之的選擇。那些能夠主動選擇，哪怕是在公司的人員調整或者說裁員當中主動離開，甚至是炒掉老闆自己出來打拚的人，更有機會成為贏家。

在人才市場當中，我們會看到兩類人。一類是事業導向型，一類是收入導向、生活導向型，後者更關心家庭和其他個人因素。我們很希望看到員工是因為第一種原因選擇工作，但是多數人因為第二種原因在不斷地跳槽。他們往往會因為薪資、人際關係等小環境原因，放棄一個可能更長遠的發展機會。

第二類人通常會想，只要努力做到高管，拿到高薪，在公司穩定下來，人生就可以平順地發展。這一類人往往跳槽頻繁，而且沒有太多的理由，一般就是因為待遇的誘惑。至於事業導向型的員工，他們的價值傾向非常明確，而且有堅定的目標和長期的穩定性。

當然，現在跟過去不一樣。中國計劃經濟時期全國的城市都大同小異，你在哪買房都差不多。但是現在千差萬別，選擇去一些小城市，比如說在大理開一家小店，賣一些小東西，就意味著選擇了一種截然不同的人生。所以跳槽這種選擇，也不意味著就是失敗。它其實是人生的另一個開始，這是很有意思的事。當然，我總是喜歡喪事當成喜事辦，永遠樂觀。事實上也是，樂觀的人才會有樂觀的人生。

再說一個叫你更覺得開心或者釋然的理由。我覺得在公司人員裁減的過程中，你能夠獲得更多的機會。其實隨著城市的差異性發展，人們的生活態度會有很多細分，個性化也就越來越明顯。很多人不停地切換城市，切換行業，切換人生選擇，機會其實是越來越多的。也就是說，中國的發展，為更多的年輕人、中年人和所有有個性的人，提供了事業和生活上的更多可能性。

所以，你偶爾在某一家公司得到了一個機會，或者說失去了一個機會，並不能說明太多，更不意味著你在其他方面就沒有發展的天地了。

比如說，現在人口流動性比較大，戶籍制度也不像以前那麼嚴格，交通又非常便利。一個人拿著一部手機，就能訂機票、訂高鐵票、訂餐廳、訂飯店，做什麼都非常方便。這種方便實際上為我們市場、人生、城市、事業的轉換，甚至是朋友圈的轉換都帶來了很多便利性。在這樣的情況下，被公司裁掉又怎麼樣呢？我把這叫作「偏離一步天地寬」，這還不叫「退」，只是「偏」一步。

總之，無論是公司裁人還是你被裁，都是一個機會。對公司來說，是從舊的泥潭裡往上爬的一個機會；對個人而言，是一個新的人生選擇的開始，是走向自己更滿意的生

30 做生意得有保險意識

俗話說：「人無千日好，花無百日紅。」不管是做生意，還是創辦企業，甚至是個人的生活，沒有人敢打包票說自己一輩子不出狀況，能夠一帆風順，不會遇到任何風險。

由於誰都不能保證自己不遇到意外，能夠避免所有的風險，所以除了用各種辦法，盡量避免不必要的麻煩之外，我們還需要有應對風險、降低損失的手段。而萬一遇到問題怎麼辦呢？如何去降低損失？商業保險就是很好的方法。

作為一種保障機制，商業保險不僅可以分擔一部分事故的損失，還對心理有某種撫慰的作用。

早在四千多年前，埃及修金字塔的石匠們，其實就有一種互助團體，用交付會費的方式來籌集收殮、安葬的資金。萬一死了，連安葬自己的錢都沒有怎麼辦呢？大家就每個人交一點錢給團體，萬一有成員辭世，就用這錢來處理他的身後事。這樣一種互助團體，可以發揮共擔風險的作用。

這種互助共濟的文化，基本理念就是「一人為大家，大家為一人」。每一個加入互助團體的人，都面臨同類風險，個人無法抵禦，那麼就出點錢加入互助團體。這種公攤風險的做法，就是初期的保險理念。

歐洲中世紀出現過很多類似的互助團體，一直延續到近代的歐美國家，很著名的有寡婦年金、長老會的牧師基金等等。

在中國的古代及近代，民間也有過類似的互助團體，比如長壽會、萬壽興隆寺的養老義會等等。光緒年間的「思豫堂」是當時當鋪行業的一種互助保險組織，一旦有一家著火，思豫堂就會拿出其他人交的錢幫助解決善後的事。二十世紀初成立了「裕善防險會」，這是鞋店組織的火災保險互助組織。當時火災頻發，所以不同行業成立了不同的互助組織。

當然，這類共濟互助的組織和現在的商業保險還略微不同。通常認為，現在的保險起源於海上的貿易。地中海地區在很早的時候就有了海上貿易，大約在三千年前，地中海上有一個小國的國王，為了保證海上貿易的正常進行，他制定了一部法律，規定某位貨主遭受損失，由包括船主、所有該船貨主在內的受益人共同分擔，這是海上保險的一個起源。後來羅馬人也有過類似的做法。

我們知道，海上貿易的利潤很大，但是風險也很大，一些人為了造船或完成航程，往往需要以船舶為抵押，獲取貸款。慢慢地，就形成了這樣一種商業慣例。如果完成航程，船東需要償還貸款本息；如果船舶沉沒，則債權取消，無須償還貸款。這樣航海的經濟風險就轉移到了放款人身上，由於船舶抵押貸款風險大，所以利息遠比一般的貸款高，這個高出的部分，相當於後來的保險費。這種船舶抵押貸款制度，後來演化為海上保險。到了十四至十五世紀，隨著航海技術的提升以及海上貿易的發展，海上保險也獲得了長足發展。經過這麼長時間的發展，除了海上保險、火災保險、財產保險、人壽保險，其他各種形式的保險也都在逐漸完善，並最終發展為現代的保險業。

至於中國現代保險業的發展，歷史也很曲折。一九二九年，太平保險有限公司在上海成立，其間它還在香港和東南亞地區設立了多家分支機搆，這是中國早期的民營保險公司。

到了一九四九年十月，中國人民保險公司在北京成立，宣告了第一家全國性大型綜合國有保險公司的誕生，這之後保險業在中國的發展逐步放緩，甚至一度中斷。

改革開放以後，中國的保險業又發展起來，到今天已經取得了巨大的進步。二〇一八年全年，全國的保險業保險保費收入達到三點八兆，相當於湖北省當年的GDP。從這也能看出，保險在現代人生活當中扮演著一個很重要的保障角色，在一些個案中，保險甚至能幫人在極端情況下保全財產。

之前我也講過一個國外的例子。在「九一一」的時候，賓拉登把紐約最高的兩棟樓給撞了。這兩棟辦公大樓是一九六二年由紐約和紐澤西港務局決定興建的，地下權屬於紐約和紐澤西港務局，地上權屬於當時投資的業主。

這個業主很有意思，在「九一一」前兩個月，買了一個恐怖主義保險。事也就這麼巧，經營雖然很困難，但是被賓拉登撞了以後，他獲得的賠償非常多。應該說壞事沒有讓他毀滅，反而讓他復生。令人不解的是，恐怖主義保險，一般保險公司都不賣，所以有人就質疑，他怎麼能買到這個保險呢？

這個猶太老闆說，這棟大樓之前被汽車炸彈炸過，也鬧過一兩次事，所以他心裡不踏實，於是想方設法買了這個恐怖主義保險。保險公司也做了調查，發現在一九九三年二月二十六日，世貿中心被極端分子在地下放置炸彈，導致六人死亡，一千餘人受傷，還炸出一個三十公尺的大洞。後來這個恐怖分子被判處兩百四十年的徒刑。保險公司了解到過去的經歷之後，也同意賣給這個猶太老闆這份恐怖主義保險。買了保險以後就被撞，撞了以後就拿到了賠償，結果還沒怎麼經營，他直接就拿了錢去蓋新大樓了。現在新的世貿中心也建起來了，而且租金很高，價值也有增長，這就是保險公司在中間發揮巨大的打底和保全作用。

由此可見，保險對於規避風險、保全資產有著非常重要的作用，具備保險意識很重要。每做一個專案、每做一件事情，都要去評估，然後盡可能地控制風險。覆蓋不了的地方，可以借助商業保險，這也是做生意、做企業必須有的風險意識和自覺。

「九一一」對猶太老闆是件好事，對保險公司則是場災難。因為它不僅要面臨巨大的賠付，可能公司都要破產。僅「九一一」事後這一週以內，美國最大的保險公司AIG一下就賠了五億美元，第二大的壽險大都會賠了三億美元，CNA金融保險集團賠了二點三億美元，也就是說，在一週之內保險公司就賠了差不多十億美元。

全球還有幾家大型的再保公司，包括瑞士再保、倫敦勞合保險、通用再保等等，又都賠了一大筆錢，有的小保險公司，甚至中型保險公司，因為賠付這筆業務虧損破產。總之，最後各家保險公司一共賠付了超過百億美元，才足以重建世貿。

這也就是說，保險公司平時都在收錢，但是遇到意外，保險公司必須盡責，拿出錢來彌補別人的損失，承擔風險。這就是一個機制，大家享受各自的利益，同時也承擔了各自的風險。保險公司需要承擔別人的風險，同時也要注意自己的風險，所以保險公司自己也會去買一些它認為必要的保險。

企業、個人在商業活動當中，用這種方式逐步建立了一套商業的風險管控機制，同時也增加了我們在做生意過程中的安全性，為企業的長遠發展提供了風險管理上的保證。這就是為什麼現代保險業對民營企業來說很重要，大家都應該具備這種保險意識。

31 家族企業的財富傳承

古人云：「君子之澤，五世而斬。」一代創業，二代守業，到第三代就開始敗家。但是美國的洛克菲勒家族，如今已經傳承到了第七代，整個家族在美國乃至全世界仍然很有影響力。

為什麼這個家族在富可敵國之後，還能夠打破「富不過三代」的魔咒？這個家族做對了什麼呢？

富過六代，首先得富得起來。洛克菲勒家族創造財富神話的故事，是從一個年輕人的叛逆開始的，這個年輕人叫約翰．洛克菲勒，出生於一八三九年，也就是鴉片戰爭爆發的前一年。

約翰．洛克菲勒的父親是一名醫生，當時在美國，醫生是個很吃香的職業，但是洛克菲勒在高中畢業以後，沒有去上醫科大學，而是去參加了一個為期四個月的會計培訓班。也就是說，在他的同學們都在思考著上什麼大學，熬一個文憑的時候，這個年輕人就已經有了明確的計畫，開始為財富而奮鬥。

在這之後，約翰．洛克菲勒在一家商行工作，每天要接觸大量市場訊息。在這個過程中，他預測，伴隨著工業技術的快速發展，石油將會變得越來越重要。於是，當他存了一小筆錢之後，他就準備投身到石油行業當中。他從石油加工產品開始經營，與化學家安德魯斯合作開了一家煉油廠，之後為了降低成本，他又買下了當時其他人都嫌棄的高含硫量油田，找來化學家赫爾曼．弗拉施解決了脫硫問題。由於約翰．洛克菲勒對專業人才的重視和信任，在創業初期，他就得到一條用低成本和簡易方法來加工換取高品質煉油產品的產業鏈，很快就在美國石油市場上站穩了腳跟。

看到約翰．洛克菲勒賺得盆滿缽滿，一大群早先挖礦的人也開始做煉油生意了，僅僅在克里夫蘭，短短三年間，煉油廠的數量就增加了三倍多。增加的產量不僅讓煉油產品供過於求，而且由於大多數煉油廠煉油技術不過關，產品品質參差不齊，導致油價暴跌，約翰．洛克菲勒的產品即使品質再好也得虧著賣。

面對越來越差的市場，他怎麼破局呢？他先是替自己的煉油公司改了個名，叫標準石油。聽起來就很厲害，直截了當地告訴行業內外的人，我的石油產品品質最好，整個行業都應該參照我的產品標準。之後，約翰·洛克菲勒拿出所有積蓄，大量收購周圍快破產的小煉油廠，還聯合當時的鐵路公司，把進出克里夫蘭的兩條鐵路上的油罐車和儲油設備都承包下來。結果，從克里夫蘭這塊地方只能運出標準石油的產品。最後，洛克菲勒又把在克里夫蘭做的事，複製到美國各地。沒過多久，他就構建了一個在美國具有壟斷地位的石油公司。從他創造財富的過程中就可以看出，約翰·洛克菲勒非常注意把握時機，雖然沒上過大學，但是他相信知識的力量。

有了財富之後，就出現了怎樣傳承的問題。大家可以想想，怎麼才能讓財富一代一代傳下去呢？其實做到兩點就夠了：第一，讓家族賺錢的速度始終快過花錢的速度，避免坐吃山空；第二，保證每一次財富傳承都能夠平穩過渡，避免在財富繼承的時候出現大的爭端或者官司，從而越分越小。

要做到第一點，首先得從培養家族後代的觀念開始。約翰·洛克菲勒的接班人是他的小兒子。名字和他一樣，大家通常都叫他小約翰。小約翰在青少年時期，家裡就非常有錢了，但他的生活仍舊很節儉，八歲前都是穿姊姊們的舊衣服，零用錢也必須靠做家務來換，用每一筆錢都要記錄下來。這種從小養成的勤儉節約和理財習慣，讓小約翰在面對幾美元零用錢的時候，就開始思考每一分錢的來龍去脈，而不是光想著怎麼花。

節儉、勤奮、反思這些習慣，看起來和中華民族的傳統美德挺像，但全世界能真正做到的人並不多。洛克菲勒家族就是用這些看似嚴苛，甚至是極端的手段，潛移默化地把這些習慣刻在了後代的行為模式裡，把花錢的速度給降了下來。

除此以外，就是讓錢怎麼更快地生錢，保證賺錢的速度比別人快。

從小約翰開始，洛克菲勒家族的後代們就開始逐步脫手對石油公司的管理，因為他們知道石油帝國建成了，手裡已經拿到了股份，既然生意穩定，僱人來管也可以，該放權的時候就得放，信任別人也是解放自己的開始。

洛克菲勒的後代們從他那得到最重要的東西，並不是石油所帶來的財富，而是投資的眼光。從小約翰開始，洛克菲勒家族的投資重點就在隨著時代而變化，最開始是石油，後來是房地產，再後來是高科技和互聯網。

能持續創造財富了，還得考慮怎麼讓財富平穩地傳承，對於財富傳承中出的岔子，中國人是特別有感觸的，很多家族老一代創業者還活著的時候，子女就開始打官司吵架。一旦創業者不在了，家族被分得七零八落，一代不如一代。

相對而言，洛克菲勒家族做得確實不錯，已經傳承到了第七代。他們是怎麼解決這件事的呢？

首先是選擇誰來繼承。第一代的老約翰．洛克菲勒只有這一個兒子，其他都是女兒，也許因為性別，約翰從小就選擇了把小約翰當成繼承人進行培養。到了第二代也就是小約翰這裡，他選擇的就不一定是自己的孩子，而是讓有能力的人，哪怕是外來的人，來管理自己的公司。自己的兒女只享受紅利，具體操作就是把家族整體的財富放在一起，設立家族信託制度，保證每個孩子三十歲以前都有點錢花，三十歲以後可能可以多花點，但不能亂花。這個信託制度還能保證孩子即便有了配偶，結婚、離婚也不會大量分割家族財富，與此同時還能避開美國高昂的遺產稅。

洛克菲勒家族的這種做法看似很小氣，甚至有意將孩子和財富隔絕開，實際上這說明他們對所謂的富豪生活是警惕的。就像老約翰在給他兒子的信中說的，天下沒有白吃的午餐，更不可能一直維持現狀。在洛克菲勒家族看來，限制奢靡生活，拒絕讓孩子不勞而獲，就是在鼓勵孩子們自己去真實的社會上冒險。

時至今日，我們再來看洛克菲勒家族富過六代的祕密，除了看到他們怎麼把財富的基因傳承下去，也要看到他們還承擔了很多公益慈善費用和社會責任。比如大家很熟悉的協和醫院、現代藝術博物館、燕京大學等等，都是洛克菲勒家族出資捐助的。

透過財富累積，洛克菲勒家族保證了後代衣食無憂，能做自己想做的事，而最值得

32 「商二代」與「富二代」如何接班

中國改革開放走到今天已經四十多年了。很多在一九八〇年代、一九九〇年代創業的企業家，都面臨一個共同的問題：如何讓自己的下一代接班？

前段時間我看到兩個新聞。一個是娃哈哈的老總宗慶後接受採訪時說，雖然他女兒已經接過去了三分之一的產銷，但他自己仍然奮鬥在生產、銷售第一線。整體上娃哈哈還是在培養管理層，而且娃哈哈正在進行二次創業。第二個是蘇寧老闆張近東，把蘇寧小店從公司整體剝離了出來，拿給兒子張康陽去做，而在更早的時候，張康陽就接手了義大利的國際米蘭足球俱樂部。

宗慶後和張近東都是非常有名的企業家，是著名的「創一代」，可以看出來他們還是很希望由自己的孩子來接手企業。我們必須注意到，今天這個時代和他們創業的那個時代已經有了很大的變化。從粗放化地做企業的「大時代」變成了精細化管理、時時刻刻都處於競爭的「小時代」。

這類「商二代」，他們大多有著良好的教育背景，但沒有太多實踐經驗，面對廝殺更激烈的市場環境，他們應該怎麼接班呢？

當我們說「接班」的時候，關注點都在被動接手事業的那個人身上，事實上，這是一個涉及兩代人的傳承問題。我們都知道，「商二代」想要接班，首先得有一個「創一代」去創業，累積了一份家業之後才能實現。所以，我們先來說說「創一代」要解決的兩個問題：傳給誰？怎麼傳？

跟大家講一個故事。我有一個德國朋友。他的家族在德國非常厲害，關於財富傳承，家族設定了這樣一個規則：當下一代快要成年的時候，必須在是否管理家族事業上做出選擇。要麼，你就不參與競爭，做自己的事情，穩穩當當地透過家族信託拿到每年固定的生活費和一部分零用錢，也就是過自己的安穩日子，不打擾別人；要麼，你就透過競爭來管理家族的事業。想要競爭，你還得報名。如果有兩個以上的人報名，家族就會讓他們選一個家族產業沒有涉足的領域去奮鬥，而且不會給他們一分錢。十年之後交「成績單」，誰的成績好，誰就可以進入家族上層的管理機構，被選為管理者和家族事業的繼承人。

我這個朋友選了第二條路。當時他也糊裡糊塗，他說他只是覺得中國遠、幅員遼闊，就來了中國。沒想到十年之後，他回到家族的時候，他的事業是做得最好的。於是他就成了家族繼承人。他跟我講這個故事的時候，是因為要離開中國，為此來跟我告別，於是就聊起了他們家族的這個故事。我聽完後，覺得這個家族真是太聰明了，完美解決了「創一代」所要面對的兩個問題。

先說第一個問題——傳給誰？

我們中國人說起這個話題，容易陷入歷史的漩渦中，會想到古代皇帝選太子，比如說康熙年間，康熙先是堅定地立了嫡子，結果大家都知道，他活得太長了。出色的、有手段的兒子又太多，大家鬥來鬥去，康熙自己把太子廢了，重新選了皇四子。

康熙看兒子們互相爭鬥，就像看一群他拉著繩的「小狗」互咬，無論如何他都能保證事情在自己的掌控範圍內，但他放不開手，「小狗」永遠都活在他的陰影下。而這個朋友的家族就直接撒開手，讓他們自己去拚，時間也給得寬裕，哪怕有人輸了，這個人可能也已經累積了立身之本，不需要家族養活了。這種方法，一方面為家族選出了最優秀的繼承人，另一方面讓那些有潛力、敢於走出創業第一步的人，去拚自己的事業，家族的產業不會越分越薄，反而越分越厚了。

康熙面臨的也是現在「創一代」們都在考慮的問題，如果要傳給自己的孩子，孩子不只一個，那到底給誰呢？如果孩子的才華不夠，找個職業經理人來打理的話，又怎樣確保他能保障自己家族的利益呢？所以我常說，傳承是一個誘惑，它總能讓人忽略現實去選擇相信血緣。

王安就是個典型的例子。如果不是因為執意要交班給自己的兒子，王安電腦也許不會失敗得那麼快。克服自己對血緣的執著，「創一代」們才能為自己的企業選擇合適的接班人。

再說第二個問題——怎麼傳？實際上這是一個分蛋糕的問題。「創一代」們為此苦惱，往往是因為孩子多了，產業大了，不知道怎麼分配。比如說，大家總是調侃澳門「賭王」何鴻燊家族，四房太太十來個孩子，人還沒走呢，遺產官司就快打起來了。

賭王在賭桌上叱吒風雲，在家族傳承上卻顯得優柔寡斷。相比起來，李嘉誠就果斷得多。他很早之前就開始布局了，把家產大部分留給了大兒子，拿了一部分現金給二兒子創業，一家子其樂融融，沒傳出過什麼不合的聲音。

何鴻燊和李嘉誠的思路在很大程度上代表了中國人分蛋糕的思路——要麼大家長一手操辦，要麼小輩們自己爭奪。但這兩種方式有一個共同的缺點：家業不可避免地越分越薄了，但是對一家企業而言，更為理想的傳承方法是贏者通吃，也就是說，最好不要把蛋糕分掉。

剛才講的那個德國朋友的家族就是典型的這種思維。先讓同一代人自己選擇是否要去參與競爭，然後透過一場長達十年的考核，選出最優秀的繼承人，這個人能夠得到家族所有的資源，其他人只能拿到一些安頓生活的費用。

有的朋友可能會覺得這種辦法對不競爭或不願意參與競爭的人來說，有些不公平。可是大家仔細想，不去競爭的人沒有付出，依然有一筆可觀的信託收益來保障生活，讓他做自己想做的事。

而競爭失敗的人呢？他在十年中可能已經創立了自己的事業，即使沒有進入家族的頂層去管理家族事業，生活也應該沒有問題。這種傳承方法讓家族的蛋糕不是越分越小，而是越分越大。

當大家說起傳承、接班的時候，通常想到的都是一些有形資產，比如房產、股票等等。我認為，傳承過程中最重要的往往是那些言傳身教的精神，而這種精神不是排他的，是所有孩子都能夠從上一代那裡學到的。

舉個例子。《曾國藩家書》就是曾國藩寫給家人的信，很樸實，但內容無所不包：

修身、勸學、治家、用人、交友、為政，甚至是理財知識。他說的道理都很淺白，但總能讓人獲益匪淺。

最聰明的家族所採取的方法，和曾國藩寫家書的方式是一樣的，是把那些最重要的，也就是思考得到的一些精神財富留給子孫，傳下來的思想可以讓子孫一直受益。

說完了「創一代」，接著看一下「商二代」如何接班。「商二代」們大都有一個很相似的成長經歷：小時候父母忙於創業，孩子很小就被送去寄宿學校，大點了就出國念高中、大學，然後回國，開始進入家族企業。

所以他們接受的都是高度濃縮、精英化、理論化的知識，對於他們來說，他們必須先守業，保住自己的家底，然後再尋求二次創業，擴展父母留下的事業。在這個先守業再二次創業的過程中，我看到了很多不一樣的處理辦法。

第一種叫孩子永遠是爸媽的心頭寶。就是說，「創一代」只要還幹得動，就自己拚命幹，堅決不交權，孩子乖乖地跟在後面。這容易導致孩子正式接班之前，沒有試錯的機會，一旦上一輩撒手不管，他可能就應付不了。還是拿王安的例子來說，他就是控制欲太強，對孩子太呵護了，他去世之後不過兩年公司就破產了。

第二種叫穩坐釣魚臺。就是把公司和家庭分開，所有權和經營權分開。這方面成功的例子很多，比如富過六代的美國洛克菲勒家族，他們就是選擇優秀的接班人，不忌諱沒有血緣關係，不是職業經理人。大家都看到了，這個辦法很成功。

第三種是邊學邊做，這也是現在國內很多「商二代」採取的接班策略。趁著爸媽還能依靠的時候，自己從基層做起，先了解整個公司和市場環境，然後逐步接手。

對於一個「商二代」來說，不管他或者他的「創一代」父母如何選擇，他都應該像我剛才說過的德國朋友一樣，先去自己試著做一份事業，不管是在公司內部，還是在公司外部。什麼都不懂的時候，得到過多的財富和權力不是什麼好事。只有經過歷練，明白自己想要的是什麼，才能把自己的人生、公司，乃至於整個家族管理好。

或許精英化的教育給了這些「商二代」很多知識，但我們都知道，「紙上得來終覺淺，絕知此事要躬行」。沒有付出過努力，是沒辦法真正握緊父母傳下來的財富的，這是「商二代」們應該思考的問題。

33 企業的失敗與救贖

最近幾年，創業一直是很熱門的話題。一提到創業，很多人就會想到成功和財富自由。實際上，還必須想到另外一個詞——失敗。吳曉波做過一個統計，中國現在是全球創業企業最多的國家，每天都有一萬家新企業誕生，但是每年又有兩百多萬家企業破產倒閉，而且九十七%的企業活不過兩年。

我們總以為自己會是特殊的三%，不幸的是，「倒閉的」是大多數。所以不管是在創業前、創業中還是創業失敗，提到創業，你不僅應該為創業這件事情感到激動，更要想一想如果自己的企業破產了，你該怎麼替它辦「喪事」，怎麼從失敗中走出來，開始下一次創業。

中國民營企業走過了三十多年。改革開放以來，我看過很多企業從生到死。對企業來說，其實最難的不是開場，而是收場，也就是說，失敗以後應該怎麼面對它。

我發現，企業最終偏離成功走向失敗，大致有三種原因：第一種是死於政商關係，第二種死於亂集資，第三種才是死於正常的商業競爭。針對這三種不同的死法，要從中走出來的方法自然也不同。

過去大的民營企業死於政商關係的比例挺高的，為什麼呢？因為大企業往往更難處理好制度性的摩擦、民營資本與國有資本的關係，以及企業家和政治家的關係。這三個方面統稱為政商關係，對於很多規模較大的民營企業來說，往往會在這中間糾纏不清，而且陷入一種困境。

這幾十年來，很多事情、政策發展都有一些不確定性，這也容易導致越是大的企業涉及的領域越多，同時企業和制度、法律的摩擦就越多，潛在的風險也就越大。

民營企業家往往會想辦法在人、財、物上得到更多支持，這時候就會去和地方、部門的一些領導者拉近關係，透過個人之間的關係來抬升自己的資本地位，同時也透過權力來獲得一些利益，我們通常稱之為「尋租」。在多數情況下，由於這種關係的變化，加上反腐、市場和政策變化，導致很多不確定性，從而使這種政治人物和企業家之間的關係斷裂，斷裂之後就會使企業、資本都陷入困境，這是我們講的大企業。

那麼在民營企業當中，一些中型企業，或者說突然爆炸性地增長起來的企業，死亡原因往往跟所謂的亂集資有關。因為國有經濟占有大量的信貸資源，但是民營企業的融資管道相對有些窄，投資管道也比較窄，所以有些企業要擴充，又沒有錢，怎麼辦呢？它就要靠市場來融資。如果透過資本市場來融資，目前監管非常嚴格，資本市場一共也就幾千家公司，所以更多的公司還是要透過民間的方式，比如利用互聯網的方法做P2P或者協力廠商理財，等等。

這些民間方式雖然錢來得相對比較快，但是存在規範性欠缺的問題。再加之金融監管也有疏漏，一旦垮臺，涉及的問題就變成了一個社會問題，不僅自己掉進坑裡，還會牽連非常多的老百姓以及成百上千的企業。

如果能夠用資本市場規範的方法來獲取資源配置的優勢，獲得更好的融資條件，當然是一條正道。即使失敗了，這個問題解決起來也會有邊界，相對來說也比較容易。

但是，最近我們看到很多A股上市公司，大股東、實際控制人，大部分因為股票流動性存在問題，就把股票全部壓進去，然後獲得一些短期融資來支持企業的發展，那麼當股票市場波動的時候往往會爆倉，使得企業資金鏈斷裂，最終陷入困境，甚至是失敗。目前因為這樣的原因而失敗的企業還不少。

第三種原因，就是我們說的正常商業競爭。經過這麼多年的市場建設和市場規則的形成，很多企業直接面對客戶提供產品和服務。在這個過程當中，有一部分企業進入競爭激烈的領域。在這種競爭的過程中，生生死死是中小企業的常態。也就是產品不符合需求，或者客戶投訴、公司內部管理有問題，又或者生產過程中出現了原材料供應短缺和資金短缺的問題，以及其他的一些競爭因素，都會導致公司遇到困難和失敗，這就是導致中小企業死於商業競爭的大部分原因。

總結一下，政商關係、亂集資，還有商業競爭，這三種情況會導致企業死亡。那麼萬一我們碰上這些事了，怎麼辦呢？其實最需要面對的就是剩餘資產和債務問題，要把它們處理好。

在處理企業的遺產時，最可怕的就是債務問題，但作為創業者，不可避免會遇到債務問題。一旦企業破產欠下了債應該怎麼辦？這時候要請專業機構幫忙，和投資人、債務人、債權人一起協商，創造一個相對寬鬆的環境。

一般來說，企業進入破產程序之後，在破產企業的上級主管部門召開第一次債權人會議之前，都會提出一個協議草案，裡面有清償債務的期限、數額及要求減免的數額。如果說債務人和債權人都覺得這個協議不錯，讓雙方利益損失最小化，那麼這個協議可能就成立了。企業會獲得喘息的機會，進入整頓狀態。如果債權人不接受這個協議，那破產程序就會繼續往下走，企業很可能就澈底死亡了。所以，在進入破產程序後，創業者或者說債務人需要把握的關鍵要點，就是去說服債權人給你一個機會，讓你喘口氣，對公司進行資產債務重整，然後找到一個活過來的全新機會。

我們通常說錢心跟著人心走。債權人也是人，他們也希望手裡拿的是錢，而不是債。所以在這個階段，創業者就不能總端著創始人的架子，更不能抱著一種光腳不怕穿鞋的流氓心態，而是要用一種可靠的形象去告訴債權人，我的公司現在資金出了問題，但這個問題是可以解決的，只要你們給我一個喘息的機會。

有錢的人都特別重視錢的安全、增值和流動性這三點，創業者面臨資金的危機時更需要站出來給債權人資訊，用一種專業和誠信的態度獲得豁免期。其實在創業的時候，這種豁免往往是更重要的一種投資，因為它代表著手握資本的人對公司和創業者本人的認可。

過去我也曾經歷過這樣的事情。在一九九〇年代中後期，我們也面臨債務危機和生死存亡問題。很多債權人來跟我們討論的時候，為了讓債權人澈底信任我們，我們會把所有的銀行卡，甚至包括家用的信用卡，全部對債權人透明化，然後告訴他們，你們可以把這些都拿走，我們飯都可以不吃，但是我們要還你們的錢，以贏得債權人的理解，得到一個喘息的機會。

所以，當遇到債務危機的時候，對債權人展現誠懇、負責的態度，也是創業者特別需要具備的一種特質。

剩餘資產的處理也是一樣的。如果公司進入破產程序了，創業者不想著怎麼把後事處理好，反而天天劃拉著帳上的錢，想著誰多分一點、誰少分一點，那這家公司早晚得完蛋。如果創業者想著怎麼用剩餘資產去挽回債權人的損失，甚至是藉此為公司帶來一筆新的資金來解決債務問題，使企業起死回生，那這個創業者才是真正有價值的。經過這樣一次生死，企業和創業者其實都會有更大的機會，同時也會有更好的價值。

所以跟債權人打交道，把剩餘資產處理好，關係到企業能不能在進入破產程序後起死回生，也關係到創業者在資本圈裡會是一個什麼樣的形象，會不會有起死回生的機會。

創業就是要習慣把「喪事」當「喜事」來辦，把「喜事」當日子來過。當企業破產之後，你為它辦「喪事」，不是說「一路好走」就完了，而是要多一些啟發和思考，甚至在處理破產的過程中仍然要保有創業的心態，勤奮、反思、誠懇和謙虛。只有這樣才能獲得新的創業機會。

企業走不下去大多是錢的事，但在企業辦「喪事」的過程中，解決錢的問題的例子也不在少數。不管怎麼樣，日子就是用來奮鬥的，哪怕知道九十七%的企業活不過兩年，創業者們不還是要去奮鬥嗎？企業破產不可怕，吃一塹長一智，一次「喪事」辦完了，對活著的創業者而言，不過是下一場奮鬥的開始。

第四部分

創業者的成敗啟示

34 用不同的「槓桿」，企業結局大不相同

在民營企業的發展過程中，不同的人在不同的階段、不同的事上都會使用槓桿。我們通常講的槓桿，其實是權力的槓桿，只不過不願意把它說出來。除此之外，還有能力槓桿、信用槓桿、品牌槓桿、用戶槓桿。這些槓桿都是在經濟活動當中、在企業發展當中經常碰到的，怎麼用、用什麼，的確有一些講究。

我認為，企業要想長遠發展，就要盡量少用權力槓桿，多用能力槓桿、信用槓桿、品牌槓桿。因為用權力槓桿做生意，往往是政商互相扯不清楚，到最後又互相摧殘，甚至兩敗俱傷。如果選擇權力槓桿，或者是在此基礎上放大金融槓桿，企業可能會有很大的規模，很快就賺很多錢，但也是非常危險的，冷不防就會爆出一些意外的事件，讓企業灰飛煙滅。

如果是選擇權力槓桿，那麼能「槓」出什麼？能槓出牌照、許可證、土地等壟斷性

資源，然後再把這些資源透過金融的手段，在市場上不斷放大。這樣來做大的企業，我認為非常危險。因為它往往會導致企業特別熱衷於一件事，那就是槓桿收購，然後連環控股。用這種方法把企業規模無限擴大，同時又做了很多內線交易和關聯交易，最終導致企業不可收拾。

所謂槓桿收購，就好比你借了十億，用它去收購一個一百億標的的企業，這一百億元的企業裡面有三十億元的現金。你把公司收了之後，把他三十億現金當中的十億元拿出來，還掉自己前面借的十億元，最後等於自己一分錢沒掏就收了對方，這就叫槓桿收購。

而連環控股，就是你第一次用十億元收購一百億元標的的公司時，控制了它五十％的股份；之後你把這個遊戲無限地玩下去，用一百億元收購三百億元標的的公司，還控制五十％股份；再用三百億元往下收……但是這樣一來，三層以下股權的權益，對於你來說已經意義不大了。所以說，連環控股理論上可以變得無限大，實際上，在兩層控股以後，權益和你的距離越來越遠，中間只要有一點事，分紅就跟你沒關係了。

於是，你為了獲得利益，往往就要採取其他的方法，比如說內線交易、關聯交易等等，暗中拿自己的利益。甚至有很多人在自己控制的資產裡取得利潤，把它直接挪到私人帳戶，然後再調離到其他地方去。

做這種規模化的擴張，往往離不開權力的保護，也離不開權力的支持。如果沒有權力的保護和支持，這些交易、收購、連環控股是很難完成的。同時，這種手法導致經營越來越複雜，讓人難以看清楚其間的交易暗道和機關，最終導致兩敗俱傷。

有一個故事很有意思。

某省一個老闆想收購當地一家地產公司，在交易對價上想省掉五千萬元，於是他就送了五百萬元給省領導的兒媳婦。這就是利用權力槓桿，看起來省了四千五百萬元，而且還加快了速度。但是你仔細想，這個兒媳婦拿這錢能幹什麼呢？通常是購買名貴珠寶和名牌衣服。要麼就是把兒子送到最好的學校讀書，還要出國。恰恰這些事最容易遭人嫉妒，也最容易被人發現然後揪出來。果然，群眾的眼睛是雪亮的。這個兒媳婦的招搖被身邊人不停地告發，這個過程中，最著急的是曾經給過錢的老闆，於是這個老闆又花了一千萬元賄賂其他領導，期望能把事擺平。

可是這一千萬元送出去以後，其他領導家又會出類似的狀況。可能收錢的人有個兒子，兒子喜歡買名車，要是開車不小心撞倒了某個老人，肯定被群眾告發，最終這個送錢的老闆還要花更多的錢擺平。所以是非之後還有是非。直到他把錢花完了，甚至是倒貼錢，都擺不平這些是非。最後案發，一切歸零，他被判了刑。

我一直都不贊成用不正當的權力關係來擴大資源占有，或是加上槓桿來放大資產。這樣一條路不能夠保證一個企業持久做大，大部分會在過程中犧牲掉。

想要把企業做大，我最希望的，也是最主張、最堅持的，就是完全依靠市場。在這個過程中，我們也要用到槓桿，但這裡的槓桿是指能力槓桿、品牌槓桿、信用槓桿。比如前文提到的瑞聯集團和阿波羅投資管理公司。瑞聯的回報永遠比別人高，阿波羅就願意為它融資。也就是說，你的本事大、能力大，特別能賺錢，錢自然會跟著你走。

所有企業都是這樣。能力越大，賺錢的回報率越高，越能夠撬動更多的錢，而且對方還得對你的能力表示敬意。同時，隨著現在反腐的深入和銀行治理的規範，市場也日趨完善，權力槓桿已經越來越弱。做企業，就必須透過運用能力槓桿、產品槓桿、品牌槓桿和信用槓桿，幫助公司彙集資源，取得特別的競爭優勢。

另外一個，還需要加強使用者槓桿。如今企業，特別是互聯網企業，其用戶很活躍，而用戶的黏性，就決定了這個企業可以撬動多少資源槓桿。如果你有一千萬用戶，你就會比有一百萬用戶的企業在融資上得到更大的估值，在投資者中知名度更高，也會有更多的機會上市，從而獲取更多的資源配置優勢。

隨著市場經濟的完善，競爭條件的透明，企業家也會成為一個關鍵因素，也就是，人變成了一個槓桿。對一個企業來說，企業家的槓桿能力是企業是否能夠有效配置資源的決定性因素。試想，如果不是馬雲、柳傳志、任正非，那阿里、聯想、華為的資源水準可能就不是現在這樣。不同企業家的眼光、能力、創造性，決定了他們能夠撬動的資源範圍、水準和組合方式。

總之，我們現在要去掉權力、銀行等槓桿，轉而強化品牌、人才和用戶槓桿。只有這樣，民營企業才能夠釐清和政府間的關係，在一個充分競爭的市場當中，逐漸地健康、強大和陽光起來。

35 平時比追求，戰時比底線

時常有年輕的創業者問我：「馮叔，我在創業過程中和競爭對手，甚至和合作夥伴都起了衝突，您說該怎麼辦呢？」我的回答是，做生意的過程中，矛盾在所難免，有時候會有不愉快，甚至會跟人打官司。這個時候一定要記住一句話，「平時比追求，戰時比底線」。這到底是什麼意思呢？

在正常情況下，我們做生意，大家一起競爭，實際上比的是追求、價值觀、願景、使命、商業模式。有句話叫作「比學趕幫超」，你在這些方面的某一點上做得好，你的追求比別人高，你的商業模式更有競爭力，那你就可能在競爭中勝出，而且走得更遠。當然，這是正常的情況。前提是，大家必須處在一個公平、法治的環境下，用一種文明和大家都認可的商務邏輯來進行競爭。

但是有些時候，會有一些例外。比如你所在的環境法制不那麼健全，或者說對方突然拉低了底線，在商業上他競爭不過你，就找地痞流氓來騷擾你，寫黑稿黑你，或者干擾你的生意，甚至找人來弄你，那你怎麼辦呢？

在「野蠻生長」的時代，我們做生意的時候總會遇到一些衝突，甚至是激烈的矛盾。我發現了一個規律，人們在衝突當中，底線的高低決定了手段的多少，以及手段的極端程度。

這裡的底線，是指法制、道德、良心、傳統和做人的基本準則。底線高的人，在追求人生目標的時候，會嚴格依法辦事，在法律允許的範圍內展開博弈，同時遵守商務邏輯、公共秩序、公序良俗，尊重傳統，有正常人的良心。這樣的人才是真正的君子，而這些品格也是未來社會健康發展所需要之優秀領導者的關鍵素質。

相反地，那些底線低的人，就會不斷突破法律、道德、傳統和良心的束縛，做一些後果無法預料的事情。底線低就是在法律、道德以下，把自己處理事的基點放在君子約束的水準之下來想問題，比如剛才提到的寫黑稿，或者是製造一些特別的困難給你，甚至對你進行人身傷害，等等。這就是下黑手，這就叫底線低，在正常的道德水準以下動手。這種人你要特別小心。

所以，創業想要取得成功，不僅要能在正常情況下比追求，還要懂得在非正常情況下如何避險，甚至反擊那些底線比較低的人。

如果把底線和追求做一個組合，我們就能看清楚社會上的各種人。

第一類人是「無底線，無追求」，他們是社會上最爛的人，大部分無賴、地痞，包括所謂的黑社會，對社會有害無益。這些人你遠離他就行了，別跟他做生意。

第二類是「有追求，無底線」，他們是最危險的。和這類人交往，很容易被他們坑，因為你非常容易被他們的追求所感動、所迷惑，忘了他們其實是不擇手段地在獲取利益，甚至會傷害別人。你在跟他們合作的時候，往往會被他傷害。

舉個例子，劉邦就是這樣的人。劉邦年輕的時候是個無賴，「好酒及色」，每天都拉著一幫人吃吃喝喝。但是他很有追求，看見秦始皇的車隊，就感嘆說「大丈夫當如此」，什麼意思呢？就是「我劉邦也是個大丈夫，那我就得像秦始皇一樣」，所以他算是很有追求的人。

雖然有追求，可是他卻沒有底線。比如，他和項羽兩軍對壘的時候，項羽把他爹抓住了，要把他爹煮了喝湯。他竟然笑著說：「吾翁即若翁，必欲烹而翁，則幸分我一杯羹。」劉邦和項羽曾經拜過把子，所以劉邦說：「我爹也是你爹，你要是想煮了他的話，也分我一碗湯吧。」這心態已經遠低於正常人類的底線，所以在那個亂世裡他能成功，最終打敗愛美人、要面子的項羽。這類人最有可能成為亂世梟雄，劉邦和曹操都是這樣的人。

這類人如果做生意，在法制不健全的「野蠻生長」時代很容易賺到錢。但是到了社會秩序良好、法制健全的正常環境中，他們的下場往往不怎麼好。不是去法院，就是進醫院，成了「兩院院士」。

第三類人是「無追求，有底線」，這些人是庸人。底線很高，這不能做，那不能做，以至於什麼都不會、什麼都不敢，沒有人生的追求，成不了任何事。

第四類人是「有追求，有底線」，這是真君子。在社會秩序良好、法制健全的情況下，我們真正應該讚賞、鼓勵、追求的是這第四類人。

在現實中，一個人的底線高低，往往跟他的經歷、教養以及是否受過挫折有很大關係。

剛開始做生意的時候，我聽說過一個故事。有個人應徵工作，拿出一張勞改釋放證，拍在桌子上對老闆說，我到你這裡找活幹。言下之意就是，你必須用我，不用我就搗亂。我剛從大牢出來，我怕什麼呀。結果，招聘的老闆什麼話也沒說，直接叫辦公室的人也把他的一張證書拿來，拍到桌子上。這個證書也是一張勞改釋放證，上面寫著的是死緩，後來被釋放了。這麼一較勁，那個拿著十年刑期釋放證的人就乖乖地走了。雖然這只是個坊間故事，但說的就是比底線，底線更低的人更狠。判了十年和判了死緩，肯定是後者的手段更狠、經歷更多，處理「疑難雜症」的心理素質更好，也更堅強。

在普通社會生活中也是這樣。一個人如果從社會底層混起，他與人相處的時候，心理素質會更好，也更自然。因為這樣的人從小就習慣求別人、仰視別人，能讓別人覺得受到了尊重。同樣這些人也能一眼看透他「上面」的人的虛偽嘴臉和虛榮架勢。他能好好地「伺候」人，也就能很輕易地得到這些人的施捨和幫助，所以能更快成功。

過去江湖上流傳著「傍大款」[11]的祕訣，那就是吃大款、喝大款、傍大款、消滅大款，最終自己成為大款。因為大款常常自以為是，無意中把自己的底線提高了，結果也容易被人利用和消滅。

又比如說，一些「富二代」，他們是含著金湯匙出生的，從小在別人的寵愛和關照下成長，這類人「武器庫」中的「傢伙」就非常少。如果碰到麻煩，除了哭喊、忍讓、逃跑、找爸媽，沒有別的招數，不知道怎麼應對複雜的事。無能使他們的底線抬高，他

---

11 指盲目崇拜、投靠、攀附有錢人。

們並不是真君子，只是無追求、有底線的庸人而已。

有時候遇到困難，那些博士、碩士，拚不過大學生、高中生，原因就是他們底線太高。人生閱歷少，底線就高，缺少很多行動中應有的「武器」儲備，解決問題的方法自然就很有限，換句話說，這是執行力差。執行力的強弱和人生經歷的數量、廣度有關係，或者說跟底線的高低有關。底線越高，行動能力越差，越容易停留在紙上談兵；底線越低，往往行動更有力、更強大，手段更多、更老辣。

當然，這種說法也有片面性。如果放在法治環境下，底線高的人也會有行動力。如果在特殊的社會轉型的形勢下，法制不健全、江湖和商務邏輯混合在一起的時候，底線的高低就決定了人成功的機率大小。

所以，當有矛盾的時候，一定要注意研究對方的底線，考慮對方可能用什麼方法來解決這個矛盾。在公平、法治的環境中，即使出現矛盾也沒關係，有了矛盾可以去仲裁、去訴訟。這個時候大家的底線是一樣的，是平等的，都在法律的基礎上來談事情。

如果對方的底線不斷放低，那你就要有所提防，甚至要有所反擊，來制止他繼續拉低底線。這樣的話才能夠遏制對方，才能夠讓對方知道，必須依照法律和規則辦事，不許胡來。這就叫「平時比追求，戰時比底線」，這是一個「保命」的方法。

36

關於湖畔[12]，你應該知道的事

二〇一九年三月二十七日，湖畔舉行了第五屆學員的開學典禮。為什麼這麼一所規模很小、只創辦了五年、也沒有什麼世界名校機構加持的學校，引發了這麼大的關注和好奇？作為參與者，我想分享一下關於湖畔的那些事。

校長馬雲講過，創辦湖畔的設想，起源於一些民營企業家的討論，在去不丹的飛機上，針對民營企業發展當中自身存在的一些問題和未來需要努力的方向，大家交流各自的意見和感想。有人就提出來，說乾脆辦一所學校，不同於一般的商學院，專門培養中國的民營企業家。但是到底怎麼做，當時沒有太細想。過了幾年，阿里上市以後，馬雲騰出精力，幫助大家一起張羅，這個學校在西子湖畔落成，取名很簡單，就叫「湖畔」。

12 原名為浙江湖畔大學創業研究中心，後更名為浙江湖畔創業研學中心，簡稱湖畔。

從嚴格意義上說，湖畔並不是通常的全日制大學，不面向高中生，學生也不是透過高考錄取的，其錄取權重取決於五個「三」：至少有三年的創業經歷，有三十個以上的員工，三年的納稅紀錄，三個校董法定的推薦人，還有同學的推薦，以及還要有三千萬元的營業額，再加上面試。面試所占權重非常大，而且至少要面試三次。

湖畔在招生上下這麼大的功夫，和它的辦學宗旨、使命有很大關係。它的使命，就是「發現和培養具有企業家精神的創業者」。馬雲在新學年的第一堂課上，對新學員講的內容，連續五年沒有改變。那就是「創辦企業的使命、願景、價值觀」。可見這件事情多麼重要，也可見校長和學校對未來企業家的期許。

對於民營企業家來說，怎麼會花這麼多的精力，站在公益的角度，站在中國社會進步的角度，專門辦這樣的一所學校，用於發現和培養具有企業家精神的創業者，推動中國經濟的發展？因為經過四十多年改革開放，我們國家的民營企業，越來越多地關注我們跟社會的紐帶，並且發現有三個最重要的關係要處理。

第一個就是處理民營企業跟體制環境以及自身的關係。比如說你是股東還是大哥，企業應該怎麼組織，法人治理結構怎麼搞，你跟外部的工商、稅務如何協調，還有如何處理相應的資本市場、銀行、稅收這些體制上的基本關係。如果這些問題處理不好，民營企業基本上就死掉了。

第二個就是要處理好跟社會的關係，也就是說企業的發展如何能同時推動社會的進步，以回應社會對企業的期待。除了我們講到的透過公益慈善來幫助弱勢群體之外，一些社會制度建設和人才建設的工作，也可以透過公益的方式來進行回應和發展。

第三個就是處理好企業跟科技、技術變革的關係。

只有這三個問題都處理好，民營企業才能有可持續的發展，同時也對社會的經濟成長帶來非常正面、積極的推動作用。

因此，民營企業在二十年前，就開始發起各式各樣的公益基金。我個人也在這個過程中發起並參與了十多個公益基金，像愛佑華夏基金會、阿拉善SEE基金會、壹基金等等。做公益是企業的社會責任，同時也是企業家未來發展的風向儀，或者說企業家具有的另一個身分。

這一點也是我們創辦湖畔的共識。因為湖畔不是一個營利機構，主要是靠大家的奉獻，包括資金、時間、才能、精力上的奉獻。湖畔是透過大家的奉獻發起設立的一個教育機構。

馬雲也常講，一個好的企業，要有家國情懷、責任感和社會擔當。這話聽起來宏大，但想要真正地把企業做好、做活、做久，還真得這樣做。正因為這樣，湖畔才不遺餘力地在這方面和民營企業家，特別是年輕的創業者持續地交流與溝通。所以，創辦湖畔的意義就在於，讓更多的好公司被發現、好企業家被激發，讓好的公司能夠活下去，並且活得更久。

因此，湖畔還有一個特別的規定，湖畔的學員永遠不畢業。我們希望能夠透過湖畔，持續性地影響、引導這些民營企業家，讓他們能夠保有在湖畔的初心，正確定位自己和企業在社會中的位置和應該承擔的責任。

當然，校長也說了什麼時候發畢業證書，有幾種情況：第一種是你進入世界五百強了，說明你夠厲害，你可以自己申請畢業。第二種情況是你退休了，你脫離了商界，脫離了企業，你想要有一個結業證書，學校也會給你。第三種情況，也是最多的情況，那就是你臨終時，在病榻上奄奄一息的時候，你可以留一句話給家人，「替我向湖畔要一張畢業證書，這是最後一個機會，我應該畢業了」，這時學校會把畢業證書送給你。這個想法特別有趣，也很有意義。

有人會覺得，湖畔現在的規模太小了，能夠影響的創業者實在有限。但是大家也了解到，湖畔每年的報名人數非常多，多的時候有五千人，最少的時候也有三千多人，但錄取率不到一％。重點就在於學校招生的時候，透過一道一道的選拔流程，來發現最具有創造性、最具有企業家素質、最具有企業家發展前途的創業者。同時，學校也認為，關鍵不在規模，而在於品質，貪多嚼不爛，公益變成了攤大餅，就沒什麼意義。

湖畔最開始的時候，也經歷過一個摸索的過程，最終沒有採用任何高校的商業管理人士培訓模式。因為湖畔認為，現在的科技經濟形勢變化太快，湖畔要做的不是第二個哈佛商學院，也不是第二個清華EMBA。湖畔要做的應該是獨一無二的，是讓我們這群經歷過改革開放的劇變和市場大起大落的創業者，和新時代創業者進行各種思想和經驗以及業務的碰撞。經典的商業案例當然要學習，但案例都是歷史，是過去，我們更需要的是培養能夠面對未來的全新挑戰、特別有創造力的企業家。

今天，大家對走到第五年的湖畔，仍然有很高的期待，也有很大的興趣，這讓我很高興。期望從湖畔出來的同學，能夠身體力行地做好一個公司，做好一個企業家。

湖畔，與其說是公益，不如說是「益公」，就是把公益兩個字翻過來看，對公共的利益有好處，對社會有好處。公司對社會的影響力不是簡單地有多少錢，而是它做了哪些符合潮流趨勢且重要的事情。而且，不光是現在，更重要的是在未來，它還能做多少事，還能影響多少人。

37——企業為什麼一定要做公益

前一陣子，我們公司的年輕人向我推薦了北京故宮博物院的「良渚與古代中國展」，因為良渚古城的遺址已經被成功列入了世界遺產名錄，所以故宮就辦了這麼一個展覽。這讓我想起二〇一九年上半年的時候，尊敬的單霽翔單院長榮休。當時，不少人都表達了非常不捨的情感，也對單院長這幾年把故宮重新拉回普通人的視野中所做的工作表達感謝。其實很多人不知道，在單院長上任之前，企業家們就成立了一個公立基金——北京故宮文物保護基金會，由萬傑、馬化騰、陳東升、王石等企業家，其中也包括我，一起發起。單院長在七年的任期當中，聚合了北京故宮文物保護基金會在內很多方面的力量，使故宮展現出了偉大而獨特的一面。

更早一點，二〇一九年一月，第四屆馬雲鄉村教師獎在三亞如期頒發。因為馬雲的努力，鄉村教師群體回歸了我們的視線。而郭廣昌也發起了鄉村醫生精準扶貧計畫。

不只是故宮文物保護，鄉村教師和鄉村醫生的境遇也得到了巨大的改善。在所有領域，從阿拉善的環境保護、地震災區的救援，到兒童先天性心臟病的治療，甚至是一些犯人子女的教育、失足少女的挽救，再到鳥類保護、紅樹林保護以及長江瀕危動物的救助，差不多天上、地下，男人、女人，都被企業家用錢、時間和精力逐漸覆蓋了。

企業家從什麼時候開始有了這麼大的心力？我想應該是從我參與發起第一個公益基金會——「愛佑華夏基金會」的時候。大概是二〇〇四年，剛剛有公益條例。到現在快二十年了，我一共參與發起了十八個公益基金。

現在有不少企業家，大致上就是做賺錢、捐錢、花錢三件事。賺錢第一、捐錢第二、花錢第三。因為賺錢、捐錢這兩件事，基本上把九十%的時間、精力都用了，唯一能花錢的就是躺著按摩一下腳，活動活動筋骨，以便走得更遠、走得更好。

什麼叫公益？經過近二十年的發展，公益又如何變化？我覺得這是改革開放以來，時代、社會、經濟、體制的變化，向我們民營企業家提出的挑戰，也是我們民營企業家做出的一個正確的回應。

差不多二十年前，中國已經有了初步的經濟發展，社會上也有一些先富起來的人，於是收入差距逐漸拉大。有錢的人，要學會要臉；沒錢的人，要學會努力；分錢的人，要講究公平。這時候社會上提出一些問題，為什麼不能「富而不仁」。這激發了企業家對於企業社會責任的一個思考。

我記得在二〇〇六年，阿拉善SEE基金會成立不久，我們就組織了一個代表團，到全世界去學習如何做公益。這也是我第一次專門為做公益去學習。在我們之前的一些前輩，也做過類似的事情，他們稱之為慈善，比如說在民國，甚至在更早的時期，一些鄉賢、能人、企業家在鄉村辦學。

我們今天要投入更廣闊的領域，在前人的基礎上，還得有所進步，應該要用更專業的態度，來管理公益基金會，透過它來發展可持續的公益事業。從那個時候起，我們就開始思考一件事，如果光賺錢，不去回應社會在發展當中對民營企業提出的一些道德、社會責任、對財富重新安排的要求，是不是得當，我們需要考慮。不回應那是不對的，民營企業就不可能有很好的發展。所以，從那時開始，我們就積極地思考應該怎麼做，很多民營企業家經常會在一起討論。

恰好那時來了一個機會，也就是外部給我們的刺激。當時地球上有兩個最有錢的人：一個叫比爾．蓋茲，另一個叫華倫．巴菲特。他們一起來到中國，提出了一個倡議，號召大家捐出一半的財產。他們到北京之後，舉辦了一個晚宴，邀請了很多企業家，有些人低調地去了，有些人高調地去了。總之，這是一個非常有意思的晚宴。在那之後呢？我們就在議論當中逐漸弄清楚了一件事，民營企業的發展，的確要特別重視和幫忙解決整個社會關切的一些社會問題，也就是財富的使用和再分配問題、企業家的社會責任問題，或者更簡單地說，我們要回答，一個企業怎麼樣經過財富創造的過程，讓社會更和諧，而不是更動盪；不僅要保持經濟的可持續發展，還要保持社會的可持續發展。這也是我們民營企業自身生存發展和環境進一步改善所需要回答的問題。

從那個時候開始，我注意到身邊的民營企業家，每一個人都有了兩重身分，第一是賺錢的身分，叫企業家；第二是捐錢的身分，叫作公益基金會的理事長或是捐款人。

這個事業經過二十年的發展，我們已經取得了很大的進步。到今天為止，差不多每天都有兩個公益基金會成立，一年大概就會增加六七百家，全國已經有超過七千家公益基金會，其中三分之二是由民營企業發起和成立的。每年捐款或者是募款超過一千億人民幣，這些善款多少可以解決一點社會問題或者是解決一部分社會應該解決但政府還沒來得及管的，又或者政府管的效率並不高的一些社會問題。

例如愛佑華夏基金會，它靠著自己的努力，一年能夠解決兩萬例先天性心臟病貧困兒童的治療問題。這就是一個公益基金會以一己之力解決了中國一個具體的問題。為什麼這麼說？它解決了中國四十％貧困兒童的先天性心臟病問題，可以說是很大的善舉。

透過企業家的能力，對有限的資源進行合理配置，提高效率，最終有針對性地解決了一類又一類的具體問題。

比如貧困兒童的先天性心臟病問題。公益組織會先篩選出這些貧困兒童，同時查明他們家裡的狀況是否不足以支付這個醫藥費，最初的篩選是基金會遇到最需要發揮智慧去解決的難題。基金會這個專業團隊，透過互聯網以及農村現有的基層組織體系去解決這個問題。然後再去聯繫醫院，聯繫專家進行手術，這些都要靠專業的團隊，用專業的精神和專業的協作方一起去解決，最終一年要做一萬例甚至兩萬例手術。到這個程度以後，政府開始重視，發現這一類人應該由政府來管，所以現在政府就把他們納入醫保系統中。整體過程是先由公益基金管一部分，刺激了一下，解決了一下，然後得到政府的關注，由政府來普遍性地解決問題。

所以，我們講到公益基金會，講到企業家公益人身分時，最重要的是企業家用自己的能力和方法，用有限的資源去提高效率，解決某一個細分領域的問題，帶來社會的點滴改進和文明的進步，這也是我們企業家的公益身分最重要的涵義。

當然，還有不少同樣出色的公益基金會，也都是由民營企業家創辦的。為什麼這些基金會能做好？因為他們善用企業的組織力量，用最有效的辦法來解決問題。

現在很多公益基金會募款並不順利，特別是一些公辦的基金會，募款也有局限性。相反地，那些由民營企業家主導的基金會，募集資金非常快，管理非常透明，治理也非常有效。比如說，公益產品怎麼互聯網化，公益專案怎麼產品化，民營企業家主導的基金會往往都會做得很好，也很仔細。

現在壹基金、阿拉善SEE基金會，每年都透過網路來募集公益基金，基金超過了一億，甚至是兩億人民幣。這些方法、手段、技術、人才，都是在企業家做公益當中慢慢培養出來、慢慢提升的能力。一個企業家做公益的時候，他有自己配置資源的能力和使效益最大化的創新方法，這是他獨有的，而這個能力如果賦能給公益基金會，就能夠對社會、對公益事業、對解決一些問題有很大幫助。企業家在做公益的過程中扮演的並不是一個啟蒙者的角色。早先一些知識分子、先行者、啟蒙者，都做了大量的工作。今天，他們的身影已經遠去，邁開步子來做公益的是他們的後繼者，也就是企業家。

企業家在做公益的過程中，還有一個特別的地方，就是透過做公益能夠對自己、對企業的價值觀進行校正。大家知道在企業發展的過程中，企業家面臨很多選擇，這些選擇最終是需要透過價值觀來判斷的，我們怎樣看別人看不見的地方，算別人算不清的帳，做別人不做的事情呢？全靠企業的領導者，也就是企業家的價值觀來引領。

我們把大量的時間、精力投入公益之後，就會注意到企業的需求在某一局部可能和社會的需求並不吻合，那我們怎麼在這個時候校正我們的企業行為，讓它更符合社會大多數人長期的需要和利益，這就需要把公益和企業的經營互相有力地結合和校正，這個過程對企業的發展是非常好的。

做公益的時候，我們得到了很多啟發。透過公益我們知道，企業想要發展，必須兼顧社會環境和各方的利益。

而一個企業家開始注意到股東以外的周邊社會關係、社會人群、社會問題的時候，意味著他開始有了社會責任意識。社會責任說來道去，就是管身邊的「閒事」，而這些閒事可能關係到你的企業能否長期發展，所以必須當真才行。

說了這麼多，我們終於明白了為什麼企業家會多了一個公益人的身分，這意味著我們要在經營企業的同時，更加關注社會問題，同時用企業家的能力找出解決問題的辦法，彙集和善用社會資源，最終回應社會訴求，解決問題。正因為這樣，中國民營企業到今天仍然保持著持續發展的勢頭。

38 新加坡房地產的啟示

我對新加坡的印象非常好，每次去的體驗都很愉快。二〇一二年，我曾經在新加坡學習過一年半的時間。二〇一九年七月，我又和風馬牛地產學院的學員們一起去了新加坡，參觀了一些房地產專案，研究他們的創新模式。這個過程像是在啃老甘蔗，越往下啃越甜。對房地產的從業者來說，反覆去，反覆看，每次都會有所收穫，而且每次的滋味都不一樣，除了甜還特別有嚼勁，在嚼的過程中能反覆品出更多的甜滋味。

新加坡這個國家國土面積不大，還不如一個海南島，但它發展出了小國特色。作為一個精緻的城市國家，它把自然、歷史、人文、科技、現在、未來，所有這些都凝聚在一個非常小的地域空間裡。它的城市發展經驗，特別是它在人口密度非常高的情況下，如何解決住房問題、城市發展中的規劃建設問題，以及發展高密度城市的經驗，都值得我們特別關注。其中，有一點最值得思考和探討，那就是它能夠用資本主義的方法實現社會主義的目標。

為什麼這麼說呢？就是它在生產過程中，講究效率，所以就很照顧雇主，以雇主為核心來設計一些制度、政策。因為雇主會帶來經濟發展、就業和稅收。在市場經濟中用資本主義的方法是非常有效的，能夠很好地刺激財富的創造和提高經濟效益。

但是在公共政策、社會政策方面，他們卻用社會主義的一些方法，就是講究公平、要照顧到窮人，盡可能縮小收入差距。這一方面就特別像北歐的一些福利的資本主義，或者叫作福利的社會主義，也有人叫作民主的社會主義，等等。

我們先說一下它怎麼用資本主義的方式來刺激生產。

首先在新加坡，大家看到有一些賭場，甚至還有妓院，相當於西方社會的一些傳統社會主義國家不喜歡的東西，他們都有。其次，新加坡政府在各種政策的制定上，都是想方設法地要促進大家，甚至逼著大家上班、工作、創造財富、提供服務，或者累積效益、累積財富。其中最簡單的一個方法就是，你作為雇員，退休、養老、社保、最低薪資什麼的，在新加坡都沒有。它以此來保證充分就業，讓你必須上班，你只有上班，才能有收入。

另外一方面，它還採用其他一些政策，來刺激雇主增加就業。比如說，市場上假定薪資標準是一個月兩千塊錢，雇主給不起這麼多錢，他只願意給一千塊，那怎麼辦呢？一些國家，包括中國，或者一些歐洲國家，政府會把這個錢直接補貼給工人，算是保障，哪怕他不工作，坐著吃，也能得到這個錢。結果呢？一方面，政府的負擔越來越重；另一方面，人們並不感謝雇主，反而更討厭雇主。

新加坡是怎麼做的呢？新加坡會把這一千塊錢直接補貼給雇主，讓雇主按兩千塊錢去僱人。這樣的話，就能確保充分就業，讓雇主有積極性去僱更多的人。同時，所有的人都有工作，有工作就能從雇主那裡拿到薪資，人們就會感謝雇主。一方面努力工作，一方面對雇主心存感激，這樣就保證了整個社會的效率和公平兼顧。

新加坡還有一套保護雇主利益的法律和政策。我曾經聽到兩個很有趣的故事。

第一個故事裡，有一個中國人去新加坡打工，在薪資待遇上不滿意或者說他覺得委屈，於是就跑去跳樓。這件事如果發生在其他地方，肯定先責怪雇主。所以這個人形成一個慣性思維，認為只要擺出跳樓的樣子，政府就會出來幫你解決問題。

但是在新加坡，卻不是這樣的。新加坡的員警首先會在樓底下拿大喇叭廣播，跟你明確宣示，你必須下來。如果有勞資糾紛，那麼第一有工會，第二有法律，第三有媒體。如果你不透過正常的渠道來解決問題，而是直接奔樓頂跳樓，用生命來威脅雇主，這就是違法，而且還不輕。

新加坡政府的邏輯就是，如果縱容他，以後誰還敢當雇主呢？沒有人願意當雇主，就業誰來解決呢？沒有就業，當然就得不到工錢，也不可能改善生活，經濟也不能發展。所以，新加坡政府處理這些事的原則就是，社會有這麼多的管道讓你解決問題，你不用，非要用跳樓這種方法，那你就是擾亂公共秩序，以威脅的方式達到你的目標，那是絕對不容許的，所以即使下來，那也必須坐牢。結果這個人下來，就被員警帶走了。

第二個故事是這樣子的，前幾年新加坡發生了一件事，一百多個中國籍的公車司機因為薪資待遇的問題，集體請假，其實也就是罷工。結果導致新加坡幾條公車路線都停運。這些公車司機以為只要鬧出事，就能得到政府出面幫助解決。

那新加坡政府是怎麼處理這件事的呢？首先，要這家公司向公眾道歉，承認其和工人之間的溝通出了問題，造成了交通不順暢。他們也的確在薪資待遇方面有一些欠缺的地方，所以也向公眾道歉。

接下來，員警就開始介入調查，傳訊發起罷工的司機，把他們叫到警察局一個一個調查，調查完以後，大概有五、六個人要遭到起訴，其中最嚴重的要坐牢，理由是非法罷工。新加坡的法律規定，凡涉及公共利益，罷工要提前兩週申請。要知會政府，告訴公眾，這是法律。這些司機突然就罷工了，沒提前申請，也不告知，所以叫違法罷工，帶頭的那幾個就要坐牢。我們都知道，新加坡在依法治國這件事情上非常認真，而且執法也很嚴格。

新加坡就是這樣，透過頒布各種政策、法律，並嚴格執法，構建了一個法治且高效的社會系統。依靠這套系統，實現了國家經濟的快速發展和整個社會系統和諧而高效地運轉，這是它在生產過程中表現出來的一面。

在公共政策、社會政策以及一些社會制度方面，新加坡又是如何表現出社會主義因素的呢？在新加坡，每個人都有自己的公積金帳戶，收入的三十五％要被強制性地扣存在這個帳戶裡。這三十五％中，有二十五％是從薪資裡扣的，這個錢由雇主掏錢。剩下的十％全部都是社會補貼，由政府出錢。等老了以後，你可以從公積金帳戶的錢中拿出來一部分自己用，或者你就把組屋的貸款都還掉，獲得一套房子。另外，政府還給了每個人一點國企股票和現金分紅。這麼一算，等你老了，你會得到一套房子、一些股票和一些分紅的現金。

這看起來就很社會主義，也挺公平。前提是，從開始工作到退休，其間的這幾十年，你必須努力勞動。因為新加坡沒有退休保障，你如果不上班，那你的公積金帳戶中就沒存款，生活就會遇到困難。

這件事對所有人都是公平的。因為大家都知道，只要努力工作，就不會失業，而且只要工作，公積金帳戶裡就會有錢，只要公積金帳戶裡有錢，你老的時候，就可能會有房子，而且看病不用花錢，教育也免費，這些就是它社會主義的一面。

教育、醫療免費就不說了，房子，其實占了很大一部分。新加坡建國五十四年，政府一共建了一百萬套叫組屋的住房。新加坡人口，目前也就六百萬左右，可見政府提供的住房占了多大的比例。

我們知道全世界解決住房問題有三種模式：美國模式、德國模式和新加坡模式。美國模式就是市場解決一切，主要靠市場，靠供求關係來決定。德國模式就叫作房住不炒，房子就是用來住的，基本上大家都是租房，很少人透過買房、炒房來投資。

而新加坡模式就是把兩種方法分開，保障的歸保障，市場的歸市場。八十％都是由政府提供的組屋，二十％交給市場去做，叫作私人房地產。多數人由於有強制性的公積金，所以到了一定的年紀，就可以住進自己的組屋。但也有一小部分的人，比如去創業，賺到了大錢，願意住得更好，住洋房、別墅，他也可以申請放棄組屋的名額，自己去私人市場購買房產。

當然，一旦放棄了購買組屋的機會，放棄一次可以，第二次就上了單行道回不來了，政府就不再管你了。在過去，組屋和私人房產相比，私人房產的品質、價格明顯都更高。隨著整體社會經濟水準的提高，特別是組屋翻新改建之後，其中公共設施、品質、價格，跟私人房產的差距都在縮小。

由於新加坡堅持這個制度五十多年了，幾代人已經形成了一個明確的預期，大家對這個制度也很依賴、很相信。每個人都知道是該進組屋系統，還是自己創造命運，進入私人房產系統。

如果是普通的上班族，多數人都會進入組屋系統。他們預期非常穩定，也從沒想過要改變。透過這種模式，新加坡政府很好地解決了如何讓中低收入人群實現「戶均一套房」的問題。這樣的目標對很多國家來說是非常困難的，但是新加坡做到了，顯然非常成功。所以，無論政府、企業，還是員工，新加坡的這一套制度，都在做一件事，概括起來，就是在生產過程中，用資本主義的方法，包括嚴格的法律、自由的市場經濟制度，來實現社會主義目標，也就是說在社會政策、社會分配制度上享受人人平等，而且創造相對公平的生活條件，這樣社會心理相對穩定，社會矛盾和衝突也比較少。這就是新加坡挺有啟發意義的做法和值得我們學習的經驗。

39 歷史上的商業大師

現在很多人都在做生意，總覺得只要賺錢似乎就是商人。其實做商人這件事還真不簡單。商人的作用，能夠辦成什麼事、怎麼辦、怎麼做生意，有很多講法。我從頭跟大家講一講。

管仲的商業頭腦遠超很多大老闆

商人這個詞最初是指商朝的人。夏末的時候出現了一個叫「商」的部落。這個部落發展起來，它的農產品就有了剩餘，於是拿來跟別人交換，久而久之，別人就把他們叫商人，拿來交換的東西叫商品，也就是商人的東西。這是古人講商人，實際上是講了一個地域和地域的一個特徵。而今天的商人，是指單純從事商品貿易、商業交易的人。這個和古代簡單地局限於地方上特殊的人群已經有了分別。

有了商品交易，就需要有一般等價物。物物交換的效率太低，而一般等價物可以解決這個問題。這個一般等價物就是貨幣。實際上，商業和貨幣幾乎是同時發展起來的。

慢慢地，商人也和其他行業的人有了分別。在中國，後來就把這些不同職業的人明確地叫士、農、工、商。商排在最後，士排在第一。士是什麼人呢？就是我們說的有知識、能當官的人。其次是務農，再次是手工業者，最差的是做買賣的人。

但是，商人畢竟是一個挺重要的人群，所以在《史記》裡面，就有專門介紹商人的一個列傳。其中的《貨殖列傳》專門講真正的做生意方法和一部分重要的商人。裡面有很多有意思的人，比如範蠡，比如巴寡婦清。當然也有後來被我們叫作「聖人之師」的管仲。他對商業形成了一整套想法，而且最後把它寫了出來，由後人傳世。

管仲在商業上的想法跟他的經歷有非常大的關係。管仲原本出生不錯，後來家道中落，年輕的時候生活也挺貧困。在成為齊國的國相之前，就靠做一些小買賣維持生活。就是這樣一段經歷，讓他非常清楚錢的價值，所以他後來說了一句挺有名的話：「倉廩實而知禮節，衣食足而知榮辱」。

這句話的精妙之處值得慢慢體會。它體現了管仲對錢和物質、錢和禮儀、錢和道德以及錢和社會秩序之間關係的看法。他把人的欲望、自私、榮辱都裏在一起來看，它們是具體的，又是抽象的。

有吃有穿，殷實了，社會才有秩序。吃飽喝足，生活無憂了，你就開始對道德更關注，你才能有面子，進而知道什麼是有價值的東西，什麼是沒價值的、應該拋棄的東西。

管仲的經濟思想非常超前。其中一個思想就是鼓勵消費，用現在專業的詞彙來說就是拉動內需。管仲認為「儉則傷事」，就是說不能太節儉，大家都憋著不花錢、不消費、不打拚，事業能有什麼發展呢？不消費就會造成商品流通減少，經濟活動衰退，從而導致社會不穩定。

關於「儉則傷事」，管仲身體力行做了一個註解。他在齊國當國相的時候，他住的地方非常富麗堂皇，甚至可以說極盡奢華，他比國君都富裕、敢花錢，生活標準也超過他的行政級別。很多人都罵他。但是現在看呢？他在用這個實際行動來說明自己的觀點，希望大家積極地消費，進而帶動經濟發展。

管仲施行的許多改革當中，有一條挺有名的，那就是設了一個女閭，什麼叫女閭呢？其實就是我們今天說的公娼，也就是官方認可的妓院，所以有人也說管仲是妓女的祖師爺。在《戰國策》裡面有一段記載，說「齊桓公宮中七市，女閭七百，國人非之」。說齊桓公的宮中有七百個妓女，老百姓都罵她們。那麼，這些妓女是自願的嗎？不是，她們大多是俘虜和奴隸。所以這一舉措在道德層面上，常常被認為是不仁的做法。

管仲實際上提出了很多經濟思想，都跟國家治理有關。管仲在他當國相期間頒布了一些政策，提出了一些經濟理論，也做了一些實際的改良，這些都為當時的民間生意人創造了一個「溼潤」的空氣環境，讓他們能夠有所發展。所以中國做生意的人一定要認識管仲，讀懂管仲。如果有時間可以把《管子》拿來看看，我相信這是做中國商人的一項功課，中間有很多小故事值得我們玩味。

商聖范蠡：把商場當成戰場來打

現在很多年輕人開玩笑說有兩種人最迷信：一種是商人，另一種是程式設計師，前者拜財神，後者拜圖靈[13]。這話本來是調侃程式設計師的，但我笑過之後想，其實和程式設計師拜圖靈一樣，商人們喜歡財神，也是因為財神身上有著他們渴望的某種特質。

比如說「武財神」關羽，他本人的經歷跟做生意一點關係都沒有，卻被後人，特別是一些商人供奉在神龕裡，早晚三炷香拜著。這就是因為，大家希望自己做生意的時候，彼此講義氣，以誠待人，而且不被其他人矇騙。

包括關羽在內，民間傳說一共有九個財神。我發現一件挺有趣的事，這九個財神裡，做官的是大多數，真正自己做過生意的，只有子貢和範蠡，其中尤以範蠡最為出名，被人尊稱為「商聖」。他能當上財神，憑的是「生財有道」。

現在的影視劇裡，範蠡要麼是幫助越王勾踐臥薪嘗膽、打敗吳國的謀士，要麼就是最後和西施一起泛舟西湖的隱士，但很少有人把他怎麼當上「商聖」這件事拿出來聊聊。從越王的復國之戰，到化身陶朱公家財萬貫，範蠡是如何把商場當成戰場來打，最後還打贏了的？先說說範蠡的商業成就吧，他有過兩次從頭創業的經歷。第一次，範蠡先去了齊國，化名「鴟夷子皮」，在海邊結廬而居，一邊開荒耕作，一邊買進賣出，兼

13 電腦科學與人工智慧之父。

營副業。沒幾年時間就累積了數千萬的家產。儘管很快就成了大富之家，但范蠡並沒有關起門來過自己的安穩日子，而是仗義疏財，一邊為鄉里鄉親救急幫忙，一邊還很樂意教當地人怎麼經商理財。就這麼過了幾年的時間，范蠡賢明的名聲越來越大，齊王在王宮裡都有所耳聞，於是把他請到國都臨淄，讓他當宰相。范蠡拿著相印，並沒有雄心勃勃地想改變世界，而是感嘆自己做官做到了宰相，經商也累積了家財萬貫，名聲還這麼好，恐怕會盛極而衰。所以當官沒幾年，範蠡就辭官了，回到家鄉後，他把自己的大部分財產分給了好朋友和老鄉，帶著家人離開了齊國。

范蠡的第二次創業，選擇在「陶」這個地方，還換了個身分，自號「陶朱公」。和第一次創業一樣，範蠡選的地方並不是隨心所欲、走到哪算到哪的，而是經過仔細考量的。在齊國，範蠡選擇去海邊開荒、買賣海產，對當時的中原國家來說，這就是稀有物資。而這次選擇陶這個地方，是因為陶被稱為「天下之中」，東邊是齊國和魯國，西邊和秦國、鄭國接壤，北邊連著晉國和燕國，南邊接著楚國和越國，這是一個交通樞紐一般的存在。因此，范蠡在陶地的創業方向就是做貿易。根據時節、氣候、民情、風俗的不同，範蠡會將幾個國家的特色產品賣往其他國家。他有一個口訣：「人棄我取、人取我予、順其自然、待機而動。」憑著這種經商智慧，沒過幾年，范蠡再次成了當地的大富翁，陶朱公這個名字也在當地民眾的口耳相傳中，漸漸成了「商聖」、財神。

在第二次創業過程中，他最出名的一件事情，就是「范蠡販馬」。范蠡剛剛來到陶地的時候，本小利微，貿易規模一直都很小。直到有一次，范蠡聽說吳越一帶需要大量的好馬，當地無法供應，所以他就打算從北方便宜收購，帶回吳越賣掉。但這裡有個難題，就是怎麼運輸？

當時範蠡人生地不熟，一路上強盜橫行，沒人給他面子。他聽說有一個經常來往於北方和吳越之間的麻布商人，很有勢力，運輸從來沒出過問題，所以他靈機一動，故意在商人經過的時候，宣傳自己剛剛開了一家馬隊，為了拉攏客戶，可以免費幫人從北方運貨到吳越。麻布商人一聽果然心動了，就主動找到了范蠡，範蠡就順勢讓自己新買的馬匹馱上貨，跟著麻布商人安全抵達了吳越。

從這兩次創業歷程來看，範蠡確實是一個有大智慧的人。他懂得商人基本的低買高賣道理，但並不願意一家獨大，而是把自己的辦法教給周圍的人，形成一種協同競爭的效應，讓齊國海邊成了一個繁盛的商貿之地，從而進一步為自己打造出口碑和品牌。在陶地的時候，他很有耐心，懂得等待時機，確認馬匹是吳越一帶的剛性需求之後，才有所行動。沒錢打點沿路關係，範蠡也懂得借勢而為，能彎腰、不逞強，所以他能再次創業成功。

雖然剛才說的都是範蠡的商業智慧，但如果把他的商業作為和他在政治、軍事上的功績連結起來，大家就會發現，其實范蠡的商業智慧和政治智慧是相通的，哪怕是離開了吳越爭霸的舞臺，範蠡也一直在以他的戰爭理念指導創業。

範蠡的政治生涯，相信大家都曾經聽過，在這裡我想說幾個容易被忽略的小細節。第一個細節，是範蠡受到越王勾踐重視的時候。大家都知道，吳王夫差為父報仇精心備戰，越王勾踐知道後就準備先發制人攻打吳國，範蠡覺得不妥，想阻止勾踐，但沒勸成功。果然勾踐戰敗了，越國淪陷。直到這時，勾踐才肯定了範蠡的眼光，但勾踐自身難保，範蠡迎來了自己從政生涯的第一次重大抉擇——是繼續留在勾踐身邊輔佐他呢？還是離開他去找一個更好的東家？大家都知道範蠡的選擇，當然是前者。範蠡不僅果斷地選擇了留在勾踐身邊，還幫他量身打造了一個「潛伏」的計謀：向吳王夫差稱臣，去吳國做小伏低，金銀財寶、妻妾美女也都獻給了夫差。范蠡自己也跟著勾踐去吳國吃苦，還在吳國指導勾踐做一系列阿諛奉承的事情，甚至讓勾踐去嘗夫差的屎，最終讓夫差相信勾踐完全臣服，把他們放回了越國。

第二個細節，是勾踐和範蠡回到越國之後，並沒有一鼓作氣打敗吳國。範蠡對待戰爭一直很謹慎，回越國之後七年，越國一直在養精蓄銳、恢復民生。之後又等了兩年，范蠡才等到夫差和伍子胥鬧翻。但范蠡還不想讓勾踐冒險，直到伍子胥死後第二年的春天，夫差帶著精銳部隊離開吳國去搞外交了，范蠡才支持勾踐發兵吳國，但只打到夫差家門口。又過了四年，越國正式攻打吳國，這一次吳國才澈底失敗。因為在這四年裡，范蠡和文種曾經「賄賂」的奸臣太宰伯嚭成了吳國宰相，這個人貪財好色，在任期間瘋狂剝削底層人民，吳國沒打仗，卻因為內耗把國力耗乾了，等越國打上門來的時候，根本沒有反抗之力。

這兩個細節都很有意義。第一個細節說明，范蠡在面對風險和機遇時，選擇的是勾踐這個潛力股，耐住性子，充分信任，長期持有，盡心盡力地解決問題，最終也獲得了高額的回報。這種做法，也造就了後來范蠡賣馬時的成功。

第二個細節說明了范蠡對時機的高度敏感。在二十幾年的政治生涯裡，戰爭只占了范蠡生活的一小部分，大多數時候他都在負責把握時機和方向，為戰爭做準備。在他眼裡，時機、強弱、自我認知是他做一切決定的出發點，他不會貪功冒進，也不膽小怕事，更重要的是，范蠡自始至終都認為戰爭是一件失德的事，所以他會盡量避免在戰爭中投入過多。這也是我和大家分享過的經驗，做事要「先算是非，後算得失」。范蠡能在齊國白手起家、官拜宰相，最後全身而退，也是因為範蠡把「是非」看得比「得失」更重。

耐心、敏銳、自我節制，範蠡能從政治跨界到商業，指導他做事的這些原則一直沒有變。更加難能可貴的是，他從商之後，既保持著對待是非的態度，不貪財、不吝嗇，大大方方和人分享自己的商業智慧，又時刻保持著在戰場上的警惕，在名聲和財富達到頂點的時候，毫不猶豫地抽身而去，從頭開始。

歷史上，諸葛亮最佩服的人也是範蠡，因為他用兵如神，可「興一國、亡一國」，其實，範蠡的偉大之處不僅僅在於用兵。他對是非、錢財和人性看得如此清楚，不管是用兵還是從政，又或是經商，都能做得很好。時至今日，依然值得我們思考和學習。

「紅頂商人」胡雪岩的成敗啟示

作家高陽寫過一部關於胡雪岩的歷史小說，書名就叫《胡雪岩》。一九八八年，我拿到一套四本香港版的《胡雪岩》反覆看，這本書可說是我最早的商界生存手冊。我還從臺灣買來傅佩榮講胡雪岩的錄音，放在車上天天聽。

看《胡雪岩》其實就是看政商關係。現在這類書很多，但當時挺少。我也得益於比別人看得都早，所以避免了一些錯誤。我看完這本書，就知道了「靠山」和「火山」的關係：今天是靠山，明天就可能是火山。

先說說胡雪岩的發家史。他的故事非常勵志，用我們現在的話說就是「失敗者逆襲」。他從小家境貧寒，後來去一個錢莊打工，錢莊老闆沒有兒子，就把這個錢莊交給他經營。胡雪岩有個患難之交，叫王有齡。

王有齡最初是個小官。有一次王有齡要升官了，但是缺錢，胡雪岩就拿了一筆錢幫助他。那個時候沒有監管單位，雖然有類似的機構，但王有齡當時官太小，而且人情往來也不算太嚴重的事，所以沒被查。之後王有齡的官越做越大，當了浙江巡撫，幫了胡雪岩很多忙，甚至把政府的公款都存在胡雪岩的票號裡。

左宗棠接任浙江巡撫的時候，面臨一個重大的問題，就是缺錢。如果沒錢發軍餉，軍心不穩，就沒法去征戰。這時胡雪岩跳出來，幫左宗棠籌集軍糧、軍餉。左宗棠發現這人能完成不可能完成的任務，於是把他引為知己，延入幕下，幫自己處理一些官方解決不了的事。

能搭上王有齡、左宗棠這些官員，成為紅頂商人，胡雪岩自然有過人之處。比如說他有一句名言，叫「前半夜想想別人，後半夜想想自己」。也就是說，要站在別人的角度想想自己的問題，這樣交換立場，容易發現自己的不足，然後檢討自己，先自省，再想其他的事情。透過內省，來找到一個和外部世界和諧相處的分寸和尺度。我覺得這一點非常重要。反省是一個人還健康的標誌。每一次「體檢」都能去除一點小毛病，人才能活得長久，這就如同汽車要不斷保養才能開得更久一樣。

反省最大的作用就是讓我們更了解自己。很多人、很多企業一過生日就覺得自己很厲害，而在萬通，公司的週年慶就是我們的反省日，我們一反省就覺得自己真不行，還有這麼多事沒做好。因為不是最好，所以要向別人學習。因為不是最好，沒有滿足客戶和各方面對我們的期待，所以我們要繼續跟別人合作，不斷努力改進工作、改進產品、改進服務。我們每年透過自我反省的過程，保證我們即使遇到同樣的困難也不犯同樣的錯誤。我們改進得比較早，比較自覺，而且發自內心，所以我們才能逐步走上持續、健康、安全的道路，在整個行業發展當中占據一個比較主動的位置。

再說回胡雪岩，他家門口有一副對聯「傳家有道惟存厚，處世無奇但率真」。我對這副對聯印象深刻，覺得它特別能反映胡雪岩的人生態度：有率真的一面，但是治家也好、待人也好，要強調厚道、和睦。從他的這些話中，能看出他成功的道理。

到了胡雪岩晚年的時候，有一次起風了，他開始感嘆人生：「就是這樣，結束了，就結束了。」所有的房子空了，事業落敗了，朋友也離他而去。他事業落敗的原因，是左宗棠在朝廷裡和李鴻章發生了矛盾。李鴻章手下有一個商人，算是他的錢袋子，這個人叫盛宣懷。盛宣懷就和胡雪岩在商場上也鬥起了法。

不管是胡雪岩，還是盛宣懷，他們的崛起本來就不是按照市場和商業的邏輯進行的，所以他們的成敗就與背後的政治勢力消長密切相關。當其中一方身後的政治勢力倒塌後，相應的前臺商人也會迅速崩潰。隨著左宗棠晚年在政治上的一步步失意，失去政治支持的胡雪岩也在和盛宣懷的爭鬥中敗下陣來。左宗棠死後僅僅過了兩個月，胡雪岩也抑鬱而終。可以說胡雪岩這個故事，開始是紅頂商人，中間是順風順水，接下來慢慢走下坡路，最後煙消雲散。

那麼胡雪岩的故事對我們今天的民營企業有什麼啟示呢？最大的啟示我覺得就是如何處理政商關係。處理得好可以榮耀一生，處理不好會引來無窮的麻煩和是非。

首先，不要當權力的圍獵者。若大家打過獵應該知道，你騎著馬也好，開著車也好，拿槍趕著獵物到處跑，這就叫圍獵。權力的圍獵者，就是指企業規模大了，錢多了，就在政商關係當中下重手。某種程度上，胡雪岩對王有齡、左宗棠最初的巴結，本質上都是對權力的圍獵。一旦圍獵成功，就能從權力那裡獲得巨額的回饋，最終把自己和權力綁在一起，一榮俱榮，一損俱損。到後來即使想脫身，也沒有機會了。不管是胡雪岩的時代，還是中國改革開放已經四十多年的今天，權力的圍獵者都沒有好下場。

其次，不要老相信靠山，一定要清楚地認識到，靠山就是「火山」。胡雪岩一直靠左宗棠，但左宗棠的政治鬥爭最終把他犧牲了。所以，企業家和政治家要「精神戀愛」，要彼此尊重。

40 不同地區商人的生意經

明清徽商的興衰史

徽商是中國歷史上一個特殊的商幫。它起於安徽，卻成就於安徽以外的地方，比如說揚州。當然，和胡雪岩一樣，古代很多徽商都是憑藉權力的關照而獲得「特許經營權」的，所以最後也失敗於政商關係。

在兩三百年前徽州這一帶的自然條件不是很好，交通不是很方便。在徽州有一句土話，叫作「前世不修，生在徽州，十三四歲，往外一丟」。意思就是，這個地方缺吃少穿的，物資匱乏，生活不容易，上一輩子沒修好才生在這裡，長大了趕緊扔出去。正因為物資匱乏，經濟環境惡劣，才使得徽商在自由打拚的過程中，拚出了一條自己的路。

徽商有很長的歷史，最廣為人知的是明清時代的徽商。他們是如何飛黃騰達的呢？

這要從明朝初年說起。

明朝初年，北元的勢力還很強大，所以政府就在北方屯集了大量的軍隊。為了供應軍糧，政府頒發了一道命令：誰能夠把軍糧送到前線，就給誰多少原鹽。也就是吃的那個鹽。這樣的話，透過獎勵一些賣鹽的指標，來彌補送糧食的成本，刺激商人的積極性。

最早幹這件事的是山陝商人，也就是山西和陝西的商人。他們離得近，當然得到一些地利。可是當時管理鹽政的機構設在揚州。山陝商人在揚州人生地不熟，即便運了糧食，拿到了指標，但把指標換成錢，換成現銀，換成真實的財富，他們一直做得不順，於是乾脆把這個指標倒給了徽商。

山陝商人的這種做法放在現在來說，就叫炒賣指標。慢慢地，徽商手上累積的鹽的指標，當時叫「鹽引」，越來越多。政府管鹽不僅管指標，還管銷售地點，鹽商只能賣到指定的地方，這叫「引岸」，說白了是為了保護鹽商的利益。在當時，食鹽的利潤率大概有八百%。所以只要有了這些「鹽引」，徽商當然就大展拳腳，快速累積起巨大的財富。

比如乾隆時期被稱為「揚州八大商」之首的江春，擔任兩淮鹽業總商四、五十年，被譽為「以布衣結交天子」的「天下最強徽商」。乾隆幾次下江南，都不願意住在行宮，而寧願住他家裡面。乾隆身上有點私房錢，也不願意交給內務府的人，更不會交給戶部，寧願交給江春幫他理財。乾隆五十年，江春受邀去京城參加在乾清宮舉行的千叟宴。之後江春家養的春臺班、三慶班、四喜班、和春班一道奉旨入京，為乾隆皇帝八十大壽祝壽演出，這就是著名的四大徽班進京。因為四大徽班進京，才誕生了後來的京劇。

徽商在揚州等家鄉以外的地方取得成功的同時，還有一件事情挺有意思，就是大部分徽商和家人在一起的時間太短，一輩子加起來據說不超過三年半，實際上可能更短。自己常年在外面奮鬥，總得有人照顧，於是這些徽商都在外面又有了家室。可是這件事怎麼跟家裡的髮妻、父母、祖宗交代呢？於是他們就發明了一個成本特別低的辦法，那就是吹捧。剛開始是立牌坊，隨著商幫興起，牌坊越來越多，徽州一府六縣就有一千多個牌坊，其中一大半是給女人的。這還不夠，徽商還想出了更高的一招，就是建「女祠」，讓女人可以進到她們專屬的女性祠堂，然後給女性一個更高的表彰。她們可以在女祠裡面議事，身後也會被供奉，這樣一來，女人就感覺到跟男人在這個方面地位相當，心理上得到了很大的滿足。這件事情在當時是很罕見的。這樣一做，徽商在道德倫理上站住了腳，還能讓家族門楣生輝，符合當時的風俗。而他們建立的這套表彰體系也通過了官方的認可，同時變成社會的主流價值觀，或者說主流的習俗和是非標準。

這對於當時來說是一個聰明的選擇，但是從歷史發展角度而言，徽商受儒家影響很大，特別是程朱理學的「存天理，滅人欲」，所以他們要保證道德倫理上的崇高，同時還要教化子孫，傳承事業，安定四方鄉里。他們還講究「賈而從儒」，弄個學者的名號給自己貼貼金。這就像今天的一些商人要到商學院去學習，弄個碩士、博士的身分一樣。正因為這樣，客居揚州的徽商給人感覺是最有文化的一批商人。

然而，花無百日紅。經營鹽業的徽州商人從明朝開始崛起，乾隆年間步入最輝煌，到了道光以後就開始衰落。徽商之所以在清末走向衰落，有好幾個原因。

首先是清政府釜底抽薪的改革，打破了鹽商的壟斷地位，徽商們損失慘重；其次是鴉片戰爭以後，歐洲列強的工業化產品大量進入中國，徽商經營的手工業品敵不過外商用機器生產的商品，迅速衰敗；再次，咸豐、同治年間，包括徽州在內的江南，戰亂綿延多年，太平軍與清軍攻防爭奪，激戰不斷，使得徽商在人力、財力、物力上受到嚴重的摧殘。

當然還有一個很重要的原因，那就是在清朝，只要企業做得足夠大，跟朝廷都會有點關係。這種互動關係，在快樂的時候都表現得像蜜月期。但是人的鏈條太容易斷，友誼的小船說翻就翻。就像剛才講的乾隆，哪怕和江春關係這麼好，說翻臉就翻臉。除此之外，還包括晚清最著名的徽商胡雪岩。這是權力壟斷帶來之必然的經濟現象和普遍規律。那個時候的商人不具有我們現在講的企業家能力，他們謀取特權的能力特別強。所以中國當時的商人形成了一種文化：賺錢的能力要靠官。官靠什麼？靠關係。關係的目的是什麼？桌子底下給銀子。

以徽商為代表的鹽商是中國近代商業歷史上商人發展的一個頂峰。在這個頂峰當中，中國的商人不習慣於去「捕老鼠」，而總是在研究怎麼樣獲得「捕老鼠」的特權，這是當時中國商人文化和商業形態當中最典型的一種狀況。鹽商的產生恰好是因為鹽的專賣、鹽的壟斷，而鹽的專賣和壟斷導致了「鹽引」這樣一種計畫分配和配額供給的特權。

漸漸地，這就成為當時中國商人群體長期的心理定式和一個共同認可的潛規則。其實對中國的市場經濟發展和現代企業家的培養是不利的。這種潛規則久而久之會阻礙現代商業文明的發展。中國古代的商人，包括更早期的商幫，其實都沒有逃脫這個規律，這也就是為什麼在相當長的時期，本土都很難培養出現代的企業家精神。

總之，中國雖然有很多商業故事，但是真正的現代企業家實際上還是得從張謇開始，然後才有最近這四十多年改革開放帶來的真正的企業家群體的成長。做這樣一個對比，我們不能不說，改革開放四十多年真正地建立了一套市場經濟能夠長期發展的法律體系，正是這套法律體系的不斷完善，才創造出、培養出、鼓勵出、競爭出一大批現代的企業和企業家。

雖然以我們今天的眼光來看，明清時代的徽商有一些歷史局限性，但是，我覺得徽商都有「較勁」的精神，尤其是從安徽比較苦的地方出來的人，在那種環境中培養的商業人格中有些重要的特質，那就是冒險精神、毅力、樂觀以及通權達變。這些始終值得我們關注和學習。

潮汕商人崛起的祕密

俗話說，有潮水的地方就有潮汕人，有錢賺的地方就有潮商。潮汕商人「無孔不入」，但又異常低調。我曾經和一些潮汕商人打交道，他們身上那些鮮明的特點，讓我留下了非常強烈的印象。

第一個特點是潮汕地區經商的人特別多，可以說他們都有從商的天賦和基因。有一個潮州的朋友說，潮汕人有個特點——「寧可睡地板，也要做老闆」。換句話說，他們敢冒險、膽大、富貴險中求，哪怕是十死九傷，也敢一往無前，這種幹勁讓人欽佩。潮汕人還很務實，他們不拒絕從擺地攤、賣菜這些具體的小貿易做起。李嘉誠十三歲的時候到香港的茶樓裡端茶，這也是一個代表。他們充滿了雄心壯志，相信市場價值規律，覺得沒什麼是自己承擔不了的。

潮汕商人的第二個特點，是在做生意的過程中特別善於交易，用工夫茶的方式慢慢與人交往，常常以「讓」獲取下一次交易的機會，這是潮汕人特別聰明的地方。世界上最難的事，就是把別人的錢裝進自己口袋裡，或者把你的思想裝進別人腦袋裡。北方人老想著辦後面的事，但潮州人永遠做前面的事，就是把別人的錢裝進自己口袋裡。

十五六年前，有一個跟我們合作過的揭陽老闆，他每次到北京都會去娛樂場所「上班」，讓助手不停地打電話招呼北京這些朋友來玩。他很豪氣，出手也特別大方，北京所有的朋友都覺得這個老闆特別好，每次來的人也會不斷地老朋友帶新朋友，他的朋友就越來越多。我有點迂腐，有一天我就問他，哥兒們，一晚上連吃帶喝要一兩萬塊錢，也沒見你做什麼事，你每天都這樣，公司怎麼辦呢？他說：「馮哥，你別著急，我是賺錢的，賺得還不少。比如滿說就算一晚上兩萬塊錢，一年最多咱也就忙兩百多天，五六百萬而已，但如果能談一個五千萬的工程，那早就賺回來了。」那個時候工程的毛利都在二十％以上，所以他這個帳算得是對的。他知道捨得小錢可以賺大錢，但這一點很多人辦不到。

第三個比較有意思的特點，就是潮汕人在北方社會「悶聲發大財」。人低不低調，一方面，我覺得跟語言表達的方式或者方言有關。潮汕的語言體系相對比較封閉，用潮汕話聊天的時候，他們彼此之間語速很快，也很幽默。但是一到北方，他們就得把舌頭管好了，把話在腦子裡翻譯一遍，轉個彎然後再說，這就失去了說話的興趣。這就好比我到美國也不愛說話，因為每句話都得翻譯，說幾句就斷掉了。或者美國人老問我，我得轉著彎想這些英語，所以就表達得很笨拙。美國人會覺得我也挺低調的。

地域也會影響到商人做生意的思維。比如我是陝西人，陝西人做事慢，拿西安話說叫「ran」，就是含糊、模糊；廣東人直接，做生意直接談錢，不管多複雜的事，歸根究柢就是「說個數」。潮汕人很有意思，談生意的時候會在身邊帶點現金。談得好，他立即就把箱子踢給你，你把箱子拿走，就算是訂金了。我問過一個潮州老板，你的箱子裡都放多少錢？他說大概放二十萬港幣，因為如果是一個兩百萬元的生意，二十萬元就是十%，足夠了，這算訂金。如果是兩千萬的生意，就算一筆小訂金。萬一什麼也沒談成，那就送給朋友了，這叫茶水錢。我們知道，交易對手的交易方式各有不同，而潮州人很善於對交易瞬間進行把握。他能把握時機給你這二十萬元，就把人心捏住了，然後讓你覺得欠他的，接下來的事就能按照他的意思走。

另外，潮汕人知道出手的分量。比如說我答應你一件事，應該給你五萬，但我多給你五千塊錢，你肯定就很高興；少給你五千，你就生氣。一般來說他的手會比較鬆，因而對方總是高興的。但是鬆也不是沒原則。五萬的事給出去八萬，潮州商人也不幹，他會覺得這事吃虧了。所以在交易當中，拿捏分寸對潮商來說特別重要。李嘉誠有句名言：「我給你十分是合理的，我也可以爭取到十一分，但是如果我只拿八分，那就財源滾滾來。」這就有點像工夫茶，我讓你一下，敬你一下，然後你感覺比較舒服，我們就可以繼續做交易，這也就是我們之前講過的「利潤之後的利潤」。潮汕商幫在交易當中把情誼作為前置條件，如果這筆生意會傷情誼，他寧願不做。所以他們的生意越做越大，一個小買賣也會越做越大，朋友也可以越做越多。

潮汕商人的第四個特點讓我印象特別深，那就是他們團結。只要你進入了潮州幫，潮州商圈的大佬就會支持你，而且這一圈的人都會支援你。即使到今天，這種文化依然明顯存在。當然，這種團結也是在歷史過程中形成的。

有一個說法叫「愛打架的地方出商人」。在清代，閩粵地區的鄉族械鬥十分嚴重。潮陳徽言在《南越遊記》裡寫道：「閩之濱海漳泉數郡人，性皆重財輕生，剽悍好鬥。潮地接壤，年久亦染其習。凡劍、棒、弓、刀、藤牌、火銃諸器，家各有之。少有不合意，糾眾相角，戾夫一呼，從者如蟻。將鬥，列兵家祠，所姓宗長率族屬男婦群詣祖堂，椎牛告奠，大呼而出。兩陣既對，矢石雨下，已而歡呼如雷，勝者為榮。」簡而言之，包括潮汕地區在內的閩粵之人愛打群架，甚至是要錢不要命。

為什麼愛打架？一個原因是人口壓力大，土地財產占有不合理導致矛盾激化。清代閩粵地區人口迅速增長，迫使土地開發加速進行，越界侵權的事時有發生。地域間的矛盾衝突增多，資源配置不均，一方要改變不合理現狀，另一方卻要堅持，致使械鬥時有發生。另外一個原因是閩粵地區的宗族勢力很強大。宗族以血緣關係為紐帶，在維護小集團利益的前提下，可以長久地保持族內團結而不至於渙散。宗族日益強大，族產也隨之增多，有時候族紳們為了加強對族產的控制，甚至挑起宗族之間的紛爭，以轉移注意力。而在宗族的逐漸發展中，也出現了強弱之分，強宗欺弱鄰，弱鄰不服要反抗，力量不夠要找外援。平衡一旦打破，鬥爭在所難免，最後強者越強，弱者越弱。由於有這種傳統，就使得這些地方的人格外有戰鬥力，也格外團結。團結又有戰鬥力，只要把心思用在做生意上，自然就容易出大商人。

做生意時，他們會團結起來，就是互相之間的資源、能力和機會的互補，以至於形成了一個內部市場和人才的激勵機制。正是這種方法，使潮汕的企業家迅速崛起，成為中國經濟發展中一道特別亮麗的景象。

溫州商人如何賺錢

溫州商人很務實，做的生意可大可小，既可以做到正泰、奧康那麼大，也可以只做零碎的小商品生意，比如做鈕扣、針線包、飯店牙具，甚至是外國選舉時用的小旗子。所以，溫州在很長的時間裡都是全國最開放的地區之一。

不以利小而不為，不以利大而恐懼——這是溫州人留給我們的一個敢於冒險、富於進取的形象。在和溫州老闆們打交道的過程中，我發現，他們有這樣幾個特點。

第一個特點，溫州商人在生活方面不講究，白天當老闆，晚上睡地板。有很多人說，溫州的發展跟它的地域閉塞有很大的關係。溫州地處浙江東南，人口密集，資源匱乏，受到「三山、六水、一分田」的局限。改革開放前的溫州人，常常是吃了上頓沒下頓。所以，到了改革開放初期，在國家剛剛開始放鬆對商業經營的管控時，靈敏的溫州人立刻聞風而動，開始了冒險經商、冒險創業。

按照當時的話說，叫作「把臉皮放在家裡，人到外面做生意」。因為那個時候，社會上很多人還看不起商人，覺得經商是投機取巧。所以，有的溫州人形容那個時候「像討飯一樣在經商」。

直到一九八六年，著名的社會學家費孝通對溫州的生意人提出了一個非常肯定的說法「以商代工」，偏見才逐漸消除。因為那時創業的溫州人日子並不算好過，所以他們特別肯吃苦耐勞。

而且，當時的大多數人既沒有創業資本，也沒有文化知識，更沒有政策保障和良好的創業氛圍，只能靠著不服輸和敢闖敢拚的衝勁，哪裡有機會就往哪裡鑽。所以，一開始，他們都是從非常小的生意做起的。比如，當時有說法叫「五把刀子走天下」、「挑著籮筐賣水果」、「背著小件去販賣」，溫州農民在改革開放初期，就是靠這樣經商完成原始累積的。接著，溫州商人選擇了生產與國企有較強互補性、較低競爭性、較小體制和資本制約的勞動密集型產品，比如生活中所需的小物件，標牌、徽章、鈕扣、打火機、皮帶、皮鞋、皮具等，獲得了極大成功，這種產業結構後來演化出了大家熟知的「溫州模式」。

溫州人的第二個特點，是他們喜歡往國外跑，走得很遠。有資料統計，目前有六七十萬溫州人在一百三十多個國家和地區經商、創業。要知道，截至二〇一九年，整個溫州的人口也不到一千萬。前幾年有個新聞，非洲有一個國家叫加彭，加彭總統大選的時候，其中一個候選人是華裔。他爹是溫州人，當年闖蕩非洲，娶了個酋長的閨女，生下了他。雖然在那次大選中落敗了，但在過去幾十年裡，這個華裔候選人一直都是加彭這個非洲國家裡舉足輕重的政治人物。從這件事可以看出，溫州人確實是走得遠。

又比如，義大利的佛羅倫斯是全歐洲的皮包生產中心，其中，幾乎所有的中低端皮包均產自溫州人的企業。有人統計，佛羅倫斯的華人超過一萬人，大部分為溫州人。僅僅是在佛羅倫斯的奧斯曼諾羅地區，就集聚著超過一千家溫州人經營的微型皮包生產企業，而義大利人的這類企業已經寥寥無幾了。

距離佛羅倫斯不遠有一個叫普拉托的城市。這個城市差不多有二十萬人，但溫州人就超過了兩萬，也就是說，總人口的十%是溫州人。普拉托的工業區裡的紡織批發企業，大部分是溫州人在經營。從一九八〇年代開始，溫州人便透過各種管道移民義大利。經過幾十年的打拚，他們不僅在當地站住了腳，而且多數擁有了自己的企業，成了老闆。而幾乎所有在義大利發家的溫州商人，都是從小餐館、小店鋪做起的。他們的發家模式，基本上是白手起家，先打苦工還清出國費用，然後依靠幾年的辛苦積蓄，加上以鄉土關係為網路的借貸支援，自主創業做老闆。在這個過程中，他們瘋狂地工作，拚命地存錢，極度勞累，有著異於常人的打拚精神。

同時，由於溫州商人老往國外跑，他們對本地的事似乎不感興趣，因為本地的市場小，機會不多。這樣一來，他們跟權力中心距離比較遠，在政商關係上犯錯誤的情況也相對少很多，不會像廣東人那樣，老鬧出一些糾纏不清的大案。

溫州商人的第三個特點，是同鄉之間很容易達成合作，特別團結。比如別人是個拳頭，溫州人只是個指頭，他們就合指頭為拳頭去競爭。我覺得這也許與他們的語言有關。他們的方言跟外部語言差異很大。像是甌語、金鄉語等，都特別小眾，因為小眾，反而造成了他們之間有極高的認同感。這種認同感，使他們外出打拚時，互幫互助，形成以鄉土關係為基礎的借貸網路。

這導致前些年出現了一個很有意思的現象，那就是他們組團炒房、炒股。那時媒體上經常出現一個說法，叫「溫州炒房團」。以至於讓很多人覺得，溫州全是炒房團，實際上他們都是散戶。過去在上海，只要買一個六十平方公尺以上的房子，再辦個藍印戶口，就能以三四百分的成績考進上海名牌大學。所以很多溫州人會為孩子花三十萬元去上海買房子。三年以後，他們發現房子升到了九十萬元，比自己辛苦一年賺的錢還多，於是乾脆借錢多買兩套。

我還遇到過這樣一件事。當時，我和朋友在溫州拍到一塊地，沒想到因此動了別人的乳酪。過了兩天，來了一群人，認為我們的價格比他們有競爭性，得把錢補給他們，不然他們就去鬧事。我還是頭一回聽說這麼霸道的事。後來我發現，原來是他們自己沒錢，到處炒錢、借錢、借高利貸才拿到了項目。如果他們不賺錢，就要賠款甚至跳樓。所以說，他們的這種炒房團，只有在價格不斷上漲的情況下才能賺到錢，但這樣其實風險極大。如果一個市場全是「炒」字當頭，不管你炒煤、炒礦、炒房、炒地，還是炒錢，甚至整個城市都彌漫著一種短期圖利、一夜暴富的思維，那麼這個市場就難以建立好的產業基礎。

另外，由於溫州人有這種「炒」的文化，就導致他們的企業難以建立一個規範的現代企業制度。溫州人都願意在外面打拚，這就導致了溫州有錢的小企業、個人特別多，分散在全國各地，但是在本地有競爭性的企業發展得很慢。這樣的空心化，對經濟的持續發展和就業帶來了一些負面影響。這也是溫州商人和其他商幫相比很不一樣的一點。

不過，也有一些溫州企業在努力建立現代企業，成為典範。比如正泰集團總裁南存輝，他在公司治理和家族傳承方面都做得很好。現代公司治理最重要的就是確立股東權利和經理人的權利，講究人力資本和貨幣資本的配合。正泰透過三次資本變革，已經變成了一個規範有序、責任清楚的股份制集團。而南總本身的願景和價值觀，以及他對事業的長遠追求都貫穿在了這三次變革當中。

另外一個在溫州本土發展得很好的企業就是奧康。它透過規範治理，加上集中精力做主業，在A股上了市。奧康的治理完全不同於溫州的傳統老企業，它一反溫州企業依靠經驗去冒險的炒作傳統，專注於主業，同時很好地利用了資本社會化、治理現代化的一些方法，成了行業龍頭。它們都是溫州經濟的希望。

崇拜關公的山陝商人

山陝商人是囊括山西、陝西兩省商人的大商幫。山西商人，也就是晉商，大家都很熟悉。前些年由於一些文學作品的渲染、影視劇的熱播，比如《喬家大院》、《走西口》、《白銀谷》，晉商的知名度很高。

相比較而言，陝西商人，或者叫秦商，大家就講得比較少。其實在過去，陝西商人也曾經輝煌過。早在春秋戰國的時候，特別是在秦朝的時候，陝西商業就非常發達。如果按GDP來算，那時候陝西的GDP能占到全國的一半，所以陝西的商人也是很有故事的。最近幾年，透過影視劇裡面的一些企業家，大家也都慢慢了解了。

在歷史上，由於在地理上是相鄰的，陝西和山西自古以來就關係密切。春秋戰國的時候，秦國和晉國長期聯姻，一個成語叫「秦晉之好」，就是用來形容這種關係。而且陝西人與山西人生活習俗相近，口音也相似，再加上歷史上的人口遷移，兩地人民連結很多，兩省的商人在去其他地方做生意的時候，也時常團結互助。尤其是到了明朝初年，明朝政府設置了「九邊」。「九邊」中的大同、遼東、延綏、宣府、寧夏、固原等長城關塞，離山西、陝西兩省比較近，明朝政府為了替這些邊鎮軍隊籌集軍餉，實行「開中制」，也就是由商人向邊鎮軍隊提供糧食、布匹、茶葉、鐵器等物資，來換取鹽引，再到指定鹽場支鹽和販運食鹽。由於有地利，山西和陝西的商人大量地向邊鎮軍隊運送物資，換取鹽引，山陝商人因此興起，並且賺取了大量財富。到了明朝中期，由於明朝政府對鹽引制度進行了一些調整，山陝商人手中的鹽引快速地轉移到了徽州商人手中，於是徽商崛起了。可以說在明朝的鹽業專賣制度下，山陝商人享受了第一波政策紅利，而徽商享受的是第二波政策紅利。

雖然販鹽生意變小了，但是完成了資本累積的山陝商人找到了其他做生意的方法。在明朝，內蒙古、新疆等少數民族聚居地區對茶葉的需求量很大，山陝商人從南方購茶，販至蒙古、新疆等地。

那時候的山陝商人，一手販鹽，一手賣茶，賺得缽滿盆滿。由明入清之後，山陝商人繼續在甘肅、新疆、內蒙古、青海、西藏、四川等地從事邊茶、邊鹽、邊布生意。比如明清時期，蘭州、西寧地區的茶葉、布匹、鹽、藥材以及皮貨生意，長期被山陝商人壟斷，而康定正是由於山陝商人的到來，才從一個小山村變成了商賈雲集之地，當時康定最繁華的街道就叫作「陝西街」。

很長的時間裡，陝西、山西的商人不僅結伴而行，一起做生意，而且連在外地修建供行會、同鄉聯誼使用的公用場所也都建在一起，比如很多地方都有山陝會館。什麼是會館？用現在的話來說，大概可以叫作駐某地辦事處。

和其他商幫修建的會館不同，山陝會館有一個非常獨特的地方，那就是各地的山陝會館裡都會隆重祭祀關公，甚至往往與關帝廟合二為一。比如河南周口的山陝會館就是廟館合一，後來索性改為關帝廟。由於和關帝廟合二為一，一些山陝會館的建築物大量使用了綠色、黃色的琉璃瓦。我們知道在古代，琉璃瓦只能用於宮殿建築，其中黃色的琉璃瓦更是只能用於皇家建築，普通的民房是禁止使用琉璃瓦的，但是由於山陝會館裡供奉的是被封為關帝的關羽，因此也就提高了等級，一些山陝會館的大殿就使用了黃色或者綠色的琉璃瓦。

山陝商人為什麼會在自己的聚會、辦公場所裡供奉關帝呢？就像閩粵一帶的商人會拜媽祖一樣，山陝商人對關羽推崇備至。這就是山陝商人相較於其他商幫而言一個獨特的地方。

關公是山陝商人的鄉土神。首先，關羽是山西人，出生在現在的山西運城。根據一些傳說，關羽本不姓關，因為在家鄉殺死了一個欺壓鄉里的惡霸，為了不連累家人就逃了。走到陝西潼關的時候，守在城門的士兵盤問，於是靈機一動自稱姓關，叫關羽。所以按照傳說的說法，陝西是關羽的改姓之地。從地域上講，關羽和山陝商人具有非常緊密的連結。

此外，到了明清時代，關羽已經被民間視為武財神了。在中國傳統社會所信奉的財神有文財神、武財神之分。文財神有比干、範蠡，武財神有趙公明、關羽等。那麼山陝商人供奉關羽，也是祈求關公保佑自己發大財。

當然更重要的是，關羽身上的一些特質也是山陝商人所推崇的。我們知道，在「三國」裡有一個叫「三絕」的說法。那就是諸葛亮的「智絕」，說他特別聰明，特別智慧；曹操的「奸絕」，也就是奸詐到了極點；還有一個就是關羽的「義絕」，忠心耿耿、義薄雲天。

關公的忠義，成為明清山陝商人共同學習、遵守、推崇的商業倫理。由於推崇關公的忠義，商人之間也形成了強大的約束力，如果有誰不遵守契約，背信棄義，就會被其他商人聯合反對和抵制，在圈子裡面就混不下去。山陝商人在招收學徒時，除了技術培訓外，也特別注重職業道德的傳授。在培訓結束之後，學徒們要經過複雜的考核程序，測試合格後才能進入店鋪工作。當時的山陝商人能夠在全國範圍內發展壯大，除了勇於開拓進取、經營有方外，在很大程度上就是因為他們普遍擁有崇高的追求，重信守義。

所以，山陝商人有很多共同點，都以販鹽起家，繼而從事邊鹽、邊茶、邊布和皮貨生意；共同建設山陝會館，有共同信仰，信奉關羽；做生意時都重信守義，不奸詐。

當然，陝西商人和山西商人還是有點區別的。相比於山西商人對金融的敏感——比如晉商的錢莊票號使他們富可敵國——《史記》裡就講，陝西人不怎麼會算帳。相對而言，陝西商人的個性有「抱樸守拙」一說。質樸中道是陝西商人的個性，陝西的商人第一是實在，做的都是比較「重」的生意，而不是輕資產，這就叫「樸」。第二個就是「中道」。中道實際就是不得罪人，要使賺錢和做人兩件事保持平衡。中道在很多時候當然是優點，但在商幫的發展過程中也可能導致保守思想的出現，比如說小富即安。

明清時期的陝西商人，在完成資本累積、發家致富以後，大致上分成了三種人：第一種也是最早的一群人，就是透過販鹽賺錢之後，跟之後的徽商一樣，到揚州繁華之地安家，修園林、養戲班去了。還有一種人，賺到錢之後就回到家鄉，也是買土地、修大院、賞古玩、捧名角，當上了安逸的土財主。另外還有一種則「跑到四川去發財」。按照一些歷史資料的說法，清朝初年的百餘年間，「川省正經字號皆屬陝客」。

總的來說，明清時代的陝西商人是缺乏進取精神的。小富即安的心態導致他們在賺了足夠花的銀子之後，就過起了土財主的好日子，不願再做大了。相比較而言，山西商人在小富之後，還想要奔大富。他們在小買賣做成之後，還要做大生意。

所以在清代，陝西商人去四川這個相對成熟的市場發財的時候，山西商人則大舉開發內蒙古、東北、新疆以及俄羅斯的市場，並在晚清時隨著全國市場的形成和完善，白銀流通加快，數量激增，不失時機地發明了「匯通天下」的票號，不僅雄霸商場，而且幾度充當了清王朝的國家銀行，完全操控了整個國家的金融業。因此，清代的山西商人在經營管理、人才培養、市場布局、前景預測等方面，比陝西商人做得更完善，更接近現代商人。

當然，到了清代末期，山陝商人都衰敗了。相比於晉商在清王朝覆滅之後才澈底衰落，陝西商人的衰落還要早幾十年。主要原因在於，一八六二年，陝西爆發了一場長達十餘年的戰亂。陝西關中三十九個州縣均陷入戰亂的烽火之中。數十座縣城被攻破，遭到劫掠，使得陝西幾百年累積下來的財富付之東流。為鎮壓叛亂，清政府又加重了對陝西的賦稅，再加上歐洲機器化生產產品的進入，陝西商人的手工藝產品迅速地落了下風。所以十九世紀中後期，陝西商幫迅速地衰落了。

當然歷史已經遠去。山陝商人當年氣壯山河的光芒雖已褪去，但也正是因為五百年的沉澱和那些傳奇商人的薰陶，才醞釀了今日山陝依舊雄渾的氣勢。前些年，有一些人因為煤炭價格的漲跌與揮金如土的行事作風而出現在人們視野之內。也有一部分人，他們不斷進取，創業致富，靠著異於常人的眼光和執著的毅力，成為新陝商、新晉商，在不同的行業取得了非常卓越的成就。

第五部分

在焦慮中生長，時間站在你這邊

41 創業就是要選擇未來

現在創業的人越來越多，但成功的比例並沒有因此增加。經常有人問，是不是應該鼓勵年輕人去創業？我認為，任何時候，創業都是年輕的事，也都是年輕人的事。

我們自己創辦公司的時候，六個人，平均年齡也就二十五點八歲。我當時剛過三十歲，如果不算我，其餘五個人平均年齡才二十四歲。也就是說，二十多歲創業是最正常的，也是多數人開始事業的階段。所以，年輕時候創業既不值得驕傲，也不需要自卑，沒什麼特別厲害的事，也沒什麼不厲害的事。二十歲不打拚，腦子有問題；八十歲還在打拚，腦子也有問題！

現在很多人創業都是奔著賺錢去的，畢竟年輕人想盡早實現財務自由，打劫不行，換爹也不行，除了創業，還有什麼辦法呢？

假如你要靠打工買房，那麼從大學畢業開始，一個月賺五六千人民幣，一直做到三十歲，大約一個月賺兩萬塊人民幣，然後找個收入和自己差不多的另一半，兩個人一個月賺五萬塊人民幣，也許在二線城市可以買到房子，但是在北京恐怕還是買不了房。

而我認為，如果你想創業，就不必按這麼一套邏輯去想問題。你首先要清楚：你是要改變自己的活法，而不是簡單地賺錢。賺錢只是改變活法這個過程中的一件事而已。當你去創業的時候，如果你希望自己過一種特別的人生，而且是與眾不同的人生，那麼你的選擇就是對的。否則，你既希望與眾不同，又想安安穩穩，那我勸你最好別創業了。

我創辦公司之前是在機關工作，剛開始的時候，家人也很著急。我父親也是公家人，就寫信給我，一口氣問了我十幾個問題，比如將來看病怎麼辦，沒房子怎麼辦，等等。也就是說，從我做生意那天起，實際上就脫離了人們期待的常規人生軌道，這就是我開始選擇與眾不同的人生的一個起點。

我有一個朋友，現在在做醫療器材連鎖，做得非常好。他當初是怎麼開始創業的？他結婚之前為一個老闆打工，後來他發現創業這件事挺好，就很想做，可是又沒錢。這時候未來丈母娘給了他一點錢，他自己又湊了點，大概四十萬人民幣，準備去買房。他思前想後，跟未婚妻攤了牌。他說我特別想做一件事，正好差點錢，咱這點錢能不能不買房子，讓我去辦這件事？婚咱還可以接著結，咱先對付著，租個地先住，行不行？他原以為未婚妻會拒絕，心想如果這樣，那婚也別結了。沒想到未婚妻居然支持他：「好，你要做就做，但別跟父母說。」他說行，然後就拿了這筆錢去創業。結果失敗了，不僅事沒辦成，還欠了別人錢。但他未婚妻並沒有埋怨他。後來他租了一個很破的房子，又去為別人打工，還是原來的老闆。老闆就發現這孩子特別好，好在哪？有夢想，敢於拿結婚買房的錢去創業。除此之外，不僅有追求，而且失敗了能服輸，回來繼續打工。所以這個老闆對他說，那不如這樣，你別打工了，咱倆一起做，我給你點股份，你再借點錢，做一個新業務。

於是他開始了第二次創業，這次成功了。成功之後，他不僅慢慢地把老闆的股份買了回來，自己當起了老闆，而且現在房子、車子什麼都有了，一切看起來都很好。如果他不創業會怎麼樣？他就是拿了四十萬人民幣去買套房，現在還在付房貸。朝九晚五上班，這顯然是另外一種人生。

所以創業是什麼？創業就是要選擇未來，而不是要當下的安穩。如果一個人不想脫離常規的生活軌道，那就不要去創業。

馬雲高考了兩年都沒考上，直到第三次才終於考上了杭州師範學院，畢業以後當了幾年英語老師，這就叫常規。後來他突然有了創業的衝動，於是和太太還有另外幾個人成立了翻譯社，在杭州、北京到處跑，開始做小買賣，都談不上太成功。他們又跑到長城去發誓，說一定要創辦世界上最偉大的公司，結果成功了。沒承想，這個故事從發誓到成功也就十幾年而已。

馬雲為什麼成功？因為從發誓那天起，他就和普通人不一樣了。他不當老師了，不再朝九晚五地在課堂上講課了，而是要做一個有創造性的生意，做一個有創造性的人，開始一種創造性的生活。正因為脫離了所有的正軌，馬雲才能夠在自己喜歡的事情上慢慢累積，慢慢地克服困難，慢慢地成長。

今天，阿里巴巴成了世界上偉大的公司，這就是不走尋常路的結果。所以年輕人要不要創業，關鍵在於你是想過常規日子，還是想創造屬於自己的未來。

如果你願意脫離常規的軌道，也能承受失敗的風險，那你就去闖蕩。你需要記住的是，創業意味著一生，而不是一陣子。除非你運氣特別好，否則你就得一生勞碌，一生和困難在一起，一生和不消停在一起，一生和不確定在一起，一生和可能的失敗在一起。對於創業者來說，最經常的狀態不是度假和紅酒，而是加班，這就是創業的時尚！不僅如此，還有發不出薪資時的焦慮和被人逼債時的愁苦，這也是創業的時尚。創業就是熬。馬雲總說，男人的胸懷是委屈撐大的，我們講，偉大是熬出來的。

王石有一個愛好是登山。他成了這個星球上為數不多完成了「7＋2」壯舉的人中的一個。所謂「7＋2」，就是登上了七大洲最高的高峰和南極、北極兩個點。我們去戈壁灘徒步的時候，別人的背包裡裝的都是吃的，而王石的背包裡有時候竟然放了磚頭。他要求自己時刻有負重感，以後登山的時候，才容易戰勝攀高的困難。

除此之外，他在路上還不怎麼喝水。他說如果一渴就喝，爬珠峰到八千公尺以上，沒水了怎麼辦？所以平時就這麼熬著，熬到最需要的時候，他才稍微喝點水，這就叫堅持。

中國有幾千萬家公司，但上市的只有幾千家，創業公司活下來的機率非常小。據統計，能夠活五年以上的也不過七％，活十年以上的大概二％。你要成為小機率事件，你靠什麼呢？我看得靠每天積極應對變化而不鬆懈，不放棄你的原則。

創業者要想獲得成功，還有兩點挺重要的。

一是要安分守己，就是對自己要嚴格要求，才不會犯經濟、法律上的錯誤。有時候你可能委屈自己，也可能少賺點錢，但是你在遵紀守法的範圍內做生意，才能持久。舉個例子，曾經有一個領導者，後來被槍斃了，因為貪腐。我們當時有一個生意要跟他做，和他約在飯店裡見面。可是他來了以後，手下人要我們上車談。我們剛開始以為是領導者本領很大，結果上了車，他又說要到郊區換個地方談。這車就一路開到了城鄉接合部，突然停下來，手下人都走了，就留一個領導者。領導者就向我們開了一個價，要我們把錢轉到某個銀行帳戶。我們當時有點傻住，就回來了。後來仔細想想，覺得這事不對，這人不像好人。我們就放棄了，這個事絕對不做了。不做了也沒有再多想，直到後來在新聞上看到這個人被判了死刑。這時我們才慶幸，當時我們堅持原則是對的，否則把我們也繞進去了。

這個故事告訴我們，得保持警覺，你必須堅持做好人的價值觀，你必須有一個自己的是非標準。這樣一來，無論走到哪裡，碰到多麼複雜的事，你都能立刻做出判斷，回到好人的出發點，避開危險。如果說，當時我們的價值觀就是只要能賺錢，把事辦了就行，我們可能真就配合這個人，把錢給他了。那麼今天，我們連說話的機會都沒有，一定也跟著進去了。

第二，還要不斷地自我學習、自我修正、自我進步。在創業的過程中，不要指望一開始把所有的事都想清楚，以變應變才是常態。每天環境都在發生變化，整個創業生涯中，你不能在第一天就規劃好你的所有，最重要的是要處理焦點問題，保證你的精力不分散在那些次重要、不重要的事情上。你一定要勤奮，在專業領域裡保持學習的態度，這樣才能夠在變化中應對變化。

所以說，如果年輕人願意改變自己的人生軌跡，追求自己的夢想，創造屬於你自己的價值，那麼我建議你去打拚、去創業。如果你沒有這樣的決心，那麼還是按部就班地上班為好。這就是我想對那些創業者說的話。

42 年輕人該有怎樣的創業心態

說起創業，我從一九九一年開始到現在，已經有二十九個年頭了。經常有人問我，創業初期難嗎？我覺得不該這麼問。為什麼呢？這相當於問你從子宮到墳墓的一生，剛出子宮時難嗎？肯定難啊，什麼都不會，站起來都不會，還躺著呢。難，是創業初期很普遍的狀態，我特別不願意說，因為這有點矯情，就像說「我是個嬰兒的時候不會吃飯，讓人同情」。沒人同情你，因為嬰兒基本上都不會。你願意，就永遠都不難。

我曾和王石一起去奧地利拜訪一位著名的登山家。他在登山界創造了很多奇蹟，整個房子裡面也全是登山的玩意兒和照片。我們當時也是問：「這一輩子就跟高過不去？跟懸崖峭壁過不去？為什麼不躺床上好好過日子？」他沒有正面回答，而是引用了另一位著名登山家的話：「山在那裡。」還比如，青海有很多一路磕頭到布達拉宮的人，你問他為什麼，他肯定會說：「因為佛在那裡。」也就是說，當你內心有一個夢想，當你願意的時候，什麼時候開始都不遲，什麼樣的過程你都願意經歷，最終什麼樣的結果你都能接受。所以我說，創業沒有苦不苦的事。

我一開始創業，不是從零到一，而是從負一開始，因為我們註冊公司的錢都是找別人借的。所有的都是負的，慢慢打拚。回想這個過程，我更想說的是創業者的一些素質。我認為主要有四點：自信、我願意、學習能力、眼界。

其中第一點非常重要，也是起點，就是你對自己要有期待，不想混吃等死。混吃等死，就等於默認了自己「就是個體重不到一百公斤、能直立行走的哺乳類動物，無非是分雌雄，沒有別的」。但是願意打拚的人，都是在想吃飯睡覺以外的事，對成就的預期非常高。比如，泰康集團的董事長陳東升，就曾給我們看過他十幾歲時寫的東西，還有他二十五歲時發表在《紅旗》雜誌上的文章，等等。當時就有一個朋友說：「只有你和馬雲認為自己日後肯定了不起。要不怎麼這些事都記得呢？我們很多東西都撕了、扔了。」陳東升說：「我一直都記得，因為我覺得自己以後是要幹大事的。」

想要創業，你就要對自己的未來有超越普通人的期待。除了生活之外，一定還有多一點的東西。至於這個東西是什麼，每個人不一樣。我不想講「成就欲望」、「生命的意義」、「夢想」這些大詞。我說的都是小詞，就是比活著多一點的小東西，這是創業最重要的初衷。

第二點就是「我願意」。既然有這個衝動，那就是你願意。既然你願意，那其他一切困難都過得去。比如「羅密歐與茱麗葉」，別人覺得是悲劇，他倆反倒覺得甜蜜。

第三點就是要有很好的學習精神和自我調適的能力。為什麼呢？因為你會不斷地遇到挫折，只要你不放棄，你就得調適，而這個調適過程就是學習、更新、反省、再生的過程。還是陳東升的例子。他經常講，他就是憑著一九九二年中國國家經濟體制改革委員會出的一個股份公司的暫行條例和有限責任公司暫行條例創辦了泰康。為什麼呢？因為在這之前，中國人不知道怎麼創辦公司，沒有股東概念，也沒有董事長概念，什麼都沒有。出了這個檔以後，他自己學，學了以後就照著這個做，找人入股，賺了錢以後再慢慢買回一些股份來。你要是不學習，這個機會就錯過了。我們現在把一九九二年開始用現代方法創業的這批人叫「九二派」。這些人都在機關受過良好的教育，同時也有學習能力。

第四點是眼界。有一次聊天時，我聽周航講他自己的經歷。周航一九九四年在廣東開始創業，至今也有二十六年了。從畢業第一天起，沒有工作過，就直接創業了。因為他家就做生意，所以他總覺得做生意更好，工作是沒有出息的，怎麼能工作呢，還要靠關係找工作，這太丟人了。從小家裡的環境潛移默化地影響了他。事是自己拚的，但是眼界、視野還有創業的心思，從小就打開了。

最後再說一下得失心的問題。一旦開始創業，就必然要面對失敗。其實真正的創業者，對常人所謂的失敗、成功並不那麼計較，太計較了，他就不敢冒險。在討論成功、失敗之前，他首先信自己、信未來、信當下。他相信這件事，因此抗打擊能力就強。

世界上有三樣事情是沒有討價餘地的。第一是打仗。再厲害的人，流彈飛過來了，也被打死。多少將軍、勇士，你說冤不冤？所以戰爭這件事情沒得商量。第二是競技體育。奧運會上跑步，劉翔腳一拐，不行了，對吧？但你不能否認，他曾經得過世界冠軍。第三就是商業。再厲害的人也要拿報表說話。現金流是負的，發不出薪水，還不起債，就完了。跟誰說都沒用，再百般狡辯也沒用。所以，從這個角度來說，創業者面臨的挑戰跟戰爭一樣嚴酷，也有很大的隨機性。

而且，有很多事需要靠時間才能看清楚。有的商業模式，比如說貝佐斯的商業模式，虧這麼多，最後翻過來了。如果只看盈虧，他是失敗者。但是從商業模式和未來成長來看，他堅持了二十年，這就是一個成功者，超級成功。

所以我覺得，對創業者來說，自己內心不能把成功看太重，患得患失。我看現在的一些融資、創業，老在比獨角獸，比估值，其實就相當於「秀恩愛，死得快」。

真正執著的，比如馬雲、馬化騰，他們早期跟人家也不談價錢，差不多給錢就做，最後一步一步把東西做好，就起來了。真正的創業者，其實是沒有心思去想或者根本不在乎自己是否成功的。

43 年輕人要比起點，比機會

二〇一九年年初時，我去了一趟阿聯酋的阿布達比，看它們兩年一屆的國際防務展。防務展非常熱鬧，有來自五十多個國家的一千兩百多家企業參展，光室內展館就有十二個，還有若干個室外展館。為了讓買家更直觀地感受這些武器的效果，展會還專門搭建了一個水上場館和陸地跑道，方便軍火公司把自己的軍艦、飛機、坦克等拉出來遛一遛。參觀類似的防務展可能是生活在和平年代的人們最直觀感受現代武器的最好機會了，我挺有興趣，於是就和朋友還挺仔細地逛了逛。

中國也有好幾家軍工企業來參展。其中一個展區裡面有兩家中國企業，它們不像其他的中國企業，淨擺一些大傢伙，比如飛彈、反飛彈系統啊，軍車、戰車這些，它們擺的是一些輔助的東西，很多是衣服——作戰服、迷彩服，看起來不怎麼吸引人，就像個服裝店。

由於更多的人都去看飛機、大炮這些傢伙，所以軍服這邊人不是很多。我進去一家店，只看到一個工作人員在玩手機，看我們進來也不招呼，非常冷淡。我就主動問這小夥子，比如東西有什麼特色、怎麼賣之類的，沒想到那小夥子頭也不抬起來，問三句答一句。我覺得他怎麼這樣招待客人呢，就有點不爽。但我還不甘心，又多問了幾句。

我：「你這個是國營的企業嗎？」

他：「也不算吧。」

我：「那你怎麼這個樣子呢？是廠家派來的，還是在當地請的？」

他：「我是當地的。」

我：「廠家就沒派人？那就是給你幾個錢，你替廠家在這裡顧攤位？」

他：「算是吧。」

我：「那這樣的話，對人家給錢的人，你太不負責了，就這麼有一搭沒一搭地招呼著客人？」

他：「反正不管賣不賣，他都得給我錢，也沒人管我，我就待著唄。」

聽了以後我覺得，我要是這個服裝廠老闆，知道底下人這麼辦事，還花了錢，那得氣死。於是我們就離開了，去看另一家。

另一家離得不遠，也只有一個人顧展位。但這家的小夥子很不一樣。他一看我們進來就立即迎上來，不停地幫我們介紹。大概是難得在國外碰上了中國人，他還挺熱情，不僅詳細介紹什麼產品值得買，有什麼特點，還把他所了解的防務展的一些情況都跟我們聊了。我們被他的熱心所感染，於是不知不覺就挑了好幾件衣服，包括T恤，還有平時可以穿的運動服、越野的時候穿的迷彩服。

等我們付了錢轉身要走的時候，這個小夥子還告訴我們，說「你們如果有興趣，我們公司在阿布達比還有一家更大的店，我可以幫你們聯繫，找車送你們過去。」因為我平時挺喜歡蒐集這些軍用的服裝和小東西，就說沒問題。結果他畫了一幅很詳細的地圖給我，然後又給了我們聯繫電話。我覺得這小夥子很貼心，到阿布達比後就非得去看一下他更大的那家店，果然這家店非常棒，我買了好幾千美元的東西才出來。

這兩個人的工作態度給我留下了特別深的印象。他們都說中文，可能老闆也都是民營企業的老闆，但他們待人接物的方式完全不同。

阿布達比防務展從一九九三年創辦到今天，已經有二十七年的歷史，也是西亞地區最大的防務展。它每兩年舉辦一次，上一屆展會是二〇一七年辦的，雖然只辦了五天，但是現場成交額達五十二億美元，還有很多交易是在現場達成意向後再祕密完成的，沒統計在內。所以對於任何一個做防務裝備的公司來說，這個展會都是特別重要的展示窗口，哪怕只是展示一些服裝之類的小傢伙，背後也是非常有實力的大企業。能被派到這樣的展會上做導覽工作的，一定是公司裡最優秀的人，公司也是希望能產生好的交易結果。

但結果怎麼樣呢？第一家很明顯，小夥子的心思就沒放在公司上，別人把東西拿來擺在這裡，他就按天拿錢。東西是否賣出去和他無關，廠家對他也沒有監督，當然也沒有激勵。這個人在這裡擺著，對廠家來說，其實就失去了展示的效果，當然也不可能達成交易，路過的客人也沒什麼好印象。另一家的小夥子就敬業很多，把公司的事當自己的事，積極地推銷產品。我想肯定有兩個原因：一是這個人是公司自己的員工，二就是這個展會上的銷售業績和這個小夥子的利益直接相關，所以他才用勁全力做這個工作。

同樣一件不大的事，兩個人所表現出來的態度截然不同，我相信他們未來的職業發展也會很不一樣。第一家店這麼懶洋洋又消極的人，估計在平時工作中沒什麼成績，也不是一個很進取的人，事業發展不會太好；而第二家店的這個小夥子，他能在每個環節都做到最好，無一遺漏，除了自身成長，也容易得到別人的幫助，甚至會收穫意想不到的機會。

後來我就一直在想，公司如何用人？實際上，公司要用人，第一要用那些態度積極的人，對外部事物有好奇心、有進取心，對自己未來的事業有期許的人。如果公司都是由這樣的人組成，業務也一定會每天都有所進步。

當然，要實現這樣一個目標，除了本人的性格、價值觀和出身經歷以外，公司還要建立一套激勵機制，讓員工的工作成果跟他個人的利益有所連結。其次還要對員工的工作狀態有所監督。不是派一個人跟在身邊，而是用他的工作成果來考核他，最後來激勵他，當然也要監督，也有淘汰。這樣的話，才能使公司的業務和員工緊密連結起來，公司才能夠成長。

在用人上的體會，讓我又想起一九九〇年剛到海南時碰到的一件事。

一九九〇年代初，我們剛成立公司。那時有個老闆新開了一家餐館，大家都去捧場，我也去了。吃飯的時候，我發現餐館裡有一個人工作特別勤快，招呼客人也特別熱情。我就問這個人是幹什麼的，怎麼這麼高興，不光拚命工作，走路也挺快，還跟任何人都聊得來，結果那老闆說，這人是個流浪漢。我就很好奇，怎麼流浪的人在他這裡工作呢？我有點不信，趁著間歇時間，把這人找到一邊跟他聊了兩句。

我：「聽說你是個流浪的？我覺得你不像，你原來是幹什麼的？」

他：「我原來在一個工廠裡，這不是改革了嘛，也開放，就想著能旅遊。可是我又沒錢，那怎麼辦呢？我就一邊走一邊替人工作，每到一個地我就找家餐館，只要人家管我一口飯吃，晚上給我一個地方睡覺，我就好好幹，也不要錢，把人家的活給幹好，不管髒和苦。這樣下來，我沒花錢就玩了十幾個省，也學了不少東西。我現在對餐館已經非常熟悉了，如果以後有機會，說不定我也能開家餐館。」

我覺得這個人挺有意思，就留下了他的聯繫方式。後來，他果然自己也開了一家餐館，而且他那個餐館最出色的就是服務好，因為他自己就是這麼幹的，深有體會。顧客一進去，每個服務員都有笑容，而且很勤快，照顧人很周到，讓每個人都覺得很開心。他就因為這樣一種經歷，自己也變成了一個成功者。

這件事一直給我很深的印象。我覺得這種人的成功帶有某種必然性。為什麼？他不計較苦，也不計較工作多不多，更不計較髒和累。對他來說，重要的是剛好來了海南，這裡有新開張的餐館，給了他工作，讓他能住還能不餓死，他就一定會把工作做好。如果反過來，他在工作的時候天天斤斤計較，還要跟人要錢，那估計早被人趕走了，也就無法旅遊了，更不可能在十幾個省裡面打轉，還累積了一身本事，知道怎麼開餐館了。

人生其實就是這樣。如果你斤斤計較，一筆一筆非要算清楚，目光短淺，那不能成大事。有的人不計較眼前的利益，往往能收穫更大的成功。這也就是我經常講的，心離錢越遠，錢離口袋越近。類似的故事還有好多。大家認為做得不錯的人，總有一點跟別人不一樣，這點不一樣集中起來，就是處理利害得失的方式與人不同，因此才能獲得機會和朋友的幫助，才能慢慢有所發展，取得成績。

人一生要經歷無數的比較。二十多歲的時候比機會，比平臺，比家庭背景，比起點。四五十歲的時候比規模，六七十歲的時候比自在，八十歲以後比子孫。人一生都在跟別人比，但是每個階段的標準都不一樣。

對年輕人來說，現在最重要的是比起點，比機會。機會怎麼來的呢？不是爭來的。很多時候，你讓別人感覺開心，別人就會不斷給你機會。你讓別人感覺能在你身上占到便宜，別人也會給你機會，你也因此越走越順暢，終有一天你會真的做你想做的事，最終取得成功。

44 大象哲學與「象牙女王」

關注「馮侖風馬牛」公眾號的朋友都知道，每到週末，我們都會發送一則週籤，在週籤裡經常出現大象的漫畫形象。總有讀者問：「為什麼會有大象？」我也解答過這個問題，因為我喜歡的動物是大象。我覺得大象有很多值得我們人類學習的特質，我把這些特質概括為「大象哲學」。那麼，什麼是大象哲學呢？

從前看《獅子王》，我一直覺得獅子是草原上最厲害的動物。直到有一次，我在肯亞看到的事情改變了我的想法。那是夏天，突然變天了，電閃雷鳴，雲壓得很低，感覺有點恐怖。所有的動物都開始奔跑，只有大象不動，牠好像對外界的變化沒有任何感覺，依然悠悠哉哉，在那邊站著，吃草，然後慢慢走著、挪著。

大象跟前有一頭獅子，東張西望的，看上去似乎很恐懼，低著頭就溜走了。我突然有一個疑問：這獅子怎麼這麼膽小呢？在大象面前，怎麼像隻羚羊一樣。而羚羊，當然一受驚嚇就跑，其他一些小動物也早就不見蹤影了。獅子怎麼也是這樣的呢？雷還沒來呢，就縮著脖子從大象面前狼狽地走開了？

後來我發現，在草原上，獅子和大象是兩個極端的動物。食肉類動物裡，獅子是個「大王」；而食肉類、食草類加起來的話，「大王」應該是大象，這挺有意思吧。

首先，大象吃的東西跟獅子不一樣，牠吃草。草是大量供應的，很容易得到，不需要跟誰爭，所以養成了大象「不與人爭」的性格。草原上都是草，大象也要一直吃，才能把自己餵飽。這樣一來，吃草的反而成了個頭最大的。獅子反過來，牠吃了上頓沒下頓，吃一頓得管四五天，一次要吃幾十磅的鮮肉。所以獅子想要活下來，永遠得以殺死其他動物為前提。牠總是要和其他動物進行生死較量，「你死我才能活」。而大象是「大家都活，只是我比你勤奮」。所以這兩種生活態度和生活哲學是不一樣的。

第二，獅子永遠是「先發制人」。牠不「先發制人」就吃不著，所以獅子總是吃奔跑中的動物，抓住牠，吃掉牠。而大象是「後發制人」，從不主動出擊，哪怕是比牠個頭小得多的動物，在大象身邊都有安全感。

我就在想，一個不與人爭又不攻擊人的人，是不是一定能成為最厲害的人呢？我相信是的，但這似乎還不夠。別人欺負你，你得有手段還擊。所以大象不僅能夠做到「不與人爭」，牠還有保護自己的辦法，也就是說，牠有「後發制人」的本事。

大象怎樣「後發制人」呢？主要有三。首先是防護。大象的皮有好幾公分厚，獅子根本啃不下去，就相當於有盔甲一樣，獅子咬不下去。其次，牠會用鼻子和象牙把「敵人」挑起來摔死。最後，萬一沒摔死，大象有幾噸重，走過去拿牠那大蹄子一踩也能踩扁了。大象的每個動作都特別簡單——防護、挑起來、踩扁，沒多餘動作。

我從大象身上體會到一件事情：想要在競爭當中保持強者地位，並不需要每天去殺害別人，只要像大象一樣做好這三件事就可以了。第一，不爭。你做的一定不能是「你死我活」的事，而要是「大家都能活」的事。第二，要保護好自己。第三，無事不惹事，有事不怕事。遇到挑戰就回擊，用最簡捷、最有效的辦法結束這件事情。

我從大象這裡學到了智慧，於是就特別喜歡大象。我覺得企業也好，個人也好，都應該像大象一樣。《道德經》講「夫唯不爭，故天下莫能與之爭」，大象就是典型。

在動物世界裡，大象是「大王」，但到了人類面前，大象就變得脆弱，有些不堪一擊了。在過去，大象的分布極廣，除了大洋洲和南極洲以外，各大洲都有大象的足跡。在中國，大象長期生活在包括黃河流域在內的廣大地區。

我們知道，河南省的簡稱叫「豫」。根據一些學者的解釋，這個「豫」字最初的意思，就是一個人牽著一頭象。甲骨文裡甚至有記載，商王朝擁有大象軍團。一千多年前的宋代，還有人在河南看過大象。後來，隨著環境的變化、大象棲息地的破壞，以及人類的捕殺，大象的數量急劇下降，活動範圍也越來越小。到現在，我們中國境內，除了動物園裡的大象，僅有雲南的部分地區還有野生大象，數量不過幾百頭。

不僅是中國，其他地方的大象也越來越少了，比如說非洲。過去，撒哈拉沙漠以南的非洲，到處都是大象。據統計，一八〇〇年時，非洲地區大象的總數超過了兩千六百萬頭。因為他們是陸地上最大的哺乳類動物，沒什麼天敵。而且非洲人也不太會去捕獵大象，因為非洲有更多更容易捕獲的動物，同樣可以得到肉和皮，所以他們對大象的興趣不大。

可是，到了一九七〇年代之後，東亞、東南亞一些經濟體，也就是日本、亞洲四小龍，以及中東一些國家逐漸發展起來了。這些經濟體都有拿象牙做藝術品的傳統。有錢之後，就在國際市場上大規模地購買象牙。同時，因為國際金融市場動盪，象牙由於需求量大，而供應量有限，就慢慢地變得和黃金、鑽石一樣，被視為一種價值穩定的硬通貨，西方一些大銀行競相爭購和儲存。這就導致象牙的價格不斷上漲。

於是，一些人就把大象看成是價值連城的「白色黃金」，把偷獵象牙看成是發財致富的捷徑，千方百計去非洲捕殺大象。到現在，整個非洲的大象只剩下幾十萬頭了，跟兩百年前的兩千六百多萬頭相比，僅僅剩下一個零頭。大象族群面臨前所未有的危機。

為了保護大象，《瀕危物種國際貿易公約》於一九八九年禁止象牙貿易。但是在過去的三十年裡，偷獵大象和象牙貿易依然難以禁止，並有越演越烈之勢。比如二〇一五年，就有兩萬頭非洲象因為象牙貿易而被獵殺，這個數量超過了當年非洲新生象的總和。

在禁止象牙貿易的過程中，有一個現象很值得探討。那就是在很長一段時間裡，國際條約打擊的是「非法象牙貿易」，而所謂的「合法貿易」是被允許的。什麼是合法貿易呢？就是大象自然死亡後取下象牙進行買賣。但是，合法的象牙貿易給了消費者一種錯覺，讓人們以為象牙製品是允許被買賣的，於是需求量越來越大，反而刺激了非法貿易的日益猖獗。

在這種情況下，只有實現徹底不買賣，才能減少殺戮。於是，在全球各國一致打擊非法象牙貿易的背景下，中國於二〇一七年十二月三十一日全面禁止商業性象牙銷售和加工。這讓大象的保護者們看到了希望。

不久之後，我們看到了一則新聞，二〇一九年年初，一名中國女商人楊鳳蘭，因走私象牙，被坦尚尼亞判處十五年有期徒刑。二〇一五年，她在坦尚尼亞被捕時，正領導著非洲規模最大的象牙走私組織。根據法庭文件，她被指控在二〇〇〇至二〇一四年間，走私了將近兩噸的象牙製品，因此被一些媒體稱為「象牙女王」。

這位「象牙女王」在二〇一九年已經六十九歲。四十年前，中國援建坦贊鐵路工程的時候，她在坦尚尼亞當翻譯。坦贊鐵路一九七五年完工之後，她回到中國。一九九八年，她重返坦尚尼亞，開始做生意。做著做著，她就走上了走私象牙這條路。從「象牙女王」獲刑，我們能看到國際社會在保護大象這件事情上的努力。

當然我們也要知道，人們大規模獵殺大象並不完全是為了象牙貿易，還有的是為了土地。比如西非的一些地區，為了開發、利用這些土地，人們透過獵殺大象，將大象從其原有的棲息地上驅逐出去，導致當地大象族群數量下降極快。從這個角度看，要保護大象，還需要盡可能地保護大象的棲息地。

所以，我們需要做的事情還有很多。除了減少象牙需求，打擊非法捕殺，保護大象棲息地以外，更重要的是要幫助非洲消除貧困。要知道，非洲象的盜獵與貧困有著密切的關係。只有消除人類的貪婪，消除貧困，才能避免大象從地球上消失。

45 了解偉大的真實，相信真實的偉大

我觀察事情時，經常會對一些偉大的人特別好奇，於是「扒門縫」去看他們的另外一面。我覺得這樣會獲得意外的驚喜和真實的力量。

玄奘，在我看來，就是一個真實又偉大的人。

關於玄奘，我們更熟悉的形象應該是《西遊記》裡的唐僧，有點唯唯諾諾，是個需要徒弟保護的「老鮮肉」。

歷史書裡的玄奘是一個偉大的高僧，憑一己之力，用十幾年時間西去印度取經，然後又回來翻譯這些經文，對中國的佛教文化發展影響深遠。實際上，玄奘西域取經的難度，是遠遠超出普通人想象的。那可是在一千四百多年前，玄奘作為一個二十來歲的小夥子，要從現在的西安到新疆，再穿過中亞南下印度，幾乎繞了整個印度一圈，完全靠徒步，目的就是尋求最正宗的佛法，這毅力絕對超凡。

《西遊記》裡說這一路師徒有四個人，但是在真實的記載當中，玄奘在旅行中有旅伴的時間並不多。大多數時候他都是一個人，包括在戈壁、沙漠、雪山等很多艱險的路段，都是他獨自一人。這個路線放到現在，即使有現代交通工具的幫助，也很難獨自走完。一個人的信念可以堅定到這種地步，「前無古人，後無來者」，玄奘當之無愧。

玄奘作為一代高僧的偉大，你一定聽得很多了，所以，我今天就講講他的另一面——小氣、局促、彆扭，甚至是「庸俗」的一面。這裡說的「庸俗」，是說他雖然身為出家人，但是很接地氣，不但在佛教這個領域做到了第一，在其他方面也做得挺到位的。

玄奘在當時應該算是「窮遊」界相當知名的人了，而且在他那個年代，佛教在整個亞洲的發展都很興盛，所以他一路往西的路上，因佛教而結交了很多人，私交特別好的人裡，還有幾位一國之君，其中最著名的是高昌國王麴文泰。

玄奘踏上求學路後，九死一生，好不容易走出沙漠，到達現在新疆吐魯番市高昌區東南邊的高昌國。當時，玄奘已經算得上一位學術造詣精深的法師了，正好高昌王麴文泰也鍾情於佛法，於是邀請玄奘在高昌國內常駐講經修法。一位國家君主這麼隆重的邀約，要拒絕其實很難。

這個時候，玄奘過人的交際能力、深諳政治之道的一面就展現出來了。高昌王因為希望留下玄奘，軟硬兼施，玄奘推不掉，甚至以絕食的方式表達意見。最後高昌王擔心玄奘真的就這麼餓死在自己手裡，於是放棄了邀約，以請玄奘講經一個月為條件放行。兩人還結拜成兄弟，高昌王不但送了玄奘足夠二十年用的路費，還為這位兄弟準備了一支趕路小分隊，包含馬匹、隨從、徒弟、高官，還有給前方路上相熟國家君主的私人信件，確保玄奘可以順利通行。玄奘一生中，除了在天竺取經路上認識了各種權貴外，他和唐太宗、唐高宗的關係也非常密切。要做到這一點，僅僅憑藉自己在佛法研習上的造詣那肯定是不夠的，還得有點個人的智慧。

在我的印象中，出家人就該六根清淨、不問俗世，實際上，以玄奘這樣一代高僧的地位來說，不問俗世是不可能的。玄奘學佛也是希望能弘揚佛法，傳道給更多人，其目的仍然是入世。有幾件小事，很能說明玄奘在出家人身分之外的性情。

玄奘最初決定去天竺取經學佛時，正好是唐朝初年。當時人口是不能隨便流動的，出關要有護照，要取得相關許可。但玄奘去意已決，而且不等護照簽證的發放就想走，所以只好混進了流民隊伍當中偷偷逃出了長安。等他取經回來，在印度名聲大噪了，這就成了一個問題。玄奘的厲害之處就顯示出來了，他在返回的途中，還沒有到長安時，就寫了不只一封信給唐太宗，態度誠懇、謙卑地做了檢討，請求唐太宗原諒自己當時求學心切，犯下偷渡的錯誤。

這一招相當厲害。在已功成名就的時候，公開自己當初的過錯並祈求原諒，而且以贖罪之心帶回當時被認為是世界上最厲害的佛法論文，那唐太宗能不給臺階下嗎？所以等玄奘回到長安時，唐太宗不僅沒有處分他，反而讓文武百官、百姓、僧尼全都夾道歡迎，可見人該軟的時候就要軟。

玄奘回國後，一方面接下了國家指派下來的任務，一方面又專注自己「本業的市場拓展」，同時不忘和最高領導層搞好關係，還要面對不同宗派的競爭，處理很多纏在身邊的俗事。我們回過頭看，他做得都不錯。尤其是玄奘的處事之道，某種程度上是值得我們商人學習的。

有一本由他口述、弟子記錄的書叫《大唐西域記》，非常有名，這是國家給他的任務，讓他把去天竺求學途中的見聞都記錄下來。這本書後來成為研究中國佛教歷史、中印交流史和當時中亞、印度的地理風貌、風土人情最重要的歷史典籍。它的編寫其實最早是唐太宗要求的，當時唐太宗和唐高宗最基礎的信仰應該算是道教，但到了他們執政時期，佛教發展勢頭迅猛，民間信仰也非常興旺，加上玄奘的成就，所以兩位帝王對佛教的態度都有點微妙。唐太宗去世前的很長一段時間，玄奘像是國師一樣，常常進宮一整天，跟唐太宗討論佛法；到了唐高宗時候，雖然後期玄奘的很多請求都被駁回，但高宗還是很敬重他的。玄奘圓寂的時候，高宗還感嘆「朕失國寶」。

玄奘為了弘揚佛法，獲得政府的支持，他在高宗面前也時常要極力討好，會稱頌帝國出現祥瑞之兆，甚至為武則天的孩子主持剃度。但在政治權力中心遊走，哪有不溼鞋的道理？哪怕是像玄奘這樣已經非常懂得周旋的高僧，後來也遇到一些困難，甚至是打擊。晚年的時候，玄奘遭受了兩次打擊。

一是他的得意門生辯機在三十歲的時候被人告發和高陽公主私通，被砍了頭，這對玄奘的打擊非常大。和尚本來就該遵守戒律，更何況是跟公主通姦。這對玄奘的聲譽也有非常大的負面影響。當然，玄奘對這事也是無可奈何的。

二是當時有個叫呂才的人，對玄奘的學術研究提出了質疑，認為他的佛法不權威，甚至提出了四十多條論據說明佛法裡自相矛盾的地方，還專門出書來說這件事。最後高宗得知了兩人的敵對關係，下令他們在當時玄奘所在的慈恩寺當面辯論。很多後來研究者都覺得，雖然在有關記載裡寫的是呂才敗退，但實際情況未必是這樣。關於玄奘「俗氣」的一面，還有一件事能說明他為人處世的態度和氣度。錢文忠是季羨林的弟子，他在《玄奘西遊記》裡講過一樁醜聞：當時印度有一位叫福生的僧人到長安，帶了五百多夾佛經，要在長安定居，並且以翻譯經文為生。不知為什麼，玄奘非常不喜歡他，處處打壓這個人，最後導致福生出走長安，死在瘴氣密布之地，而他帶來的經文卻被玄奘搶走了。不管是不是真事，可見玄奘晚年與政治權力中心的關係時緊時鬆，使得他的身分和他的偉大背後多了更複雜的背景。有時候他為了最終目的，要順勢而為裝一些庸俗。有時候他又為了堅持，要奉獻一些理想的執著，對佛教的事業發展厥功至偉。

這「俗」的一面，和他堅持「真」的一面，恰好構成了一個人的立體形象，具有兩面性。我們能從他身上透過真實而找到堅持理想的根據，更重要的是，我們了解到，人之所以偉大，不是因為他脫離了我們日常的生活，脫離了現實，而是因為他生活在真實之中。

偉大的人物，其力量來源不是虛矯，也不是文飾，更不是自我吹捧，而是來自真實生活，來自腳踏實地地觀察世界、與人相處。更重要的，甚至來自他庸俗的委屈和不得不做的妥協，以及他長期的忍耐和堅守。了解了偉大的真實，我們才能相信真實的偉大。

高寶書版集團
gobooks.com.tw

RI 350
扛住就是本事：未來，懂得「扛事」才能不斷突破，跟上世界腳步，在不穩定中安身立命

作　　者　馮　侖
責任編輯　林子鈺
封面設計　黃馨儀
內頁排版　賴姵均
企　　劃　方慧娟

發 行 人　朱凱蕾
出　　版　英屬維京群島商高寶國際有限公司台灣分公司
　　　　　Global Group Holdings, Ltd.
地　　址　台北市內湖區洲子街 88 號 3 樓
網　　址　gobooks.com.tw
電　　話　（02）27992788
電　　郵　readers@gobooks.com.tw（讀者服務部）
傳　　真　出版部（02）27990909　行銷部（02）27993088
郵政劃撥　19394552
戶　　名　英屬維京群島商高寶國際有限公司台灣分公司
發　　行　英屬維京群島商高寶國際有限公司台灣分公司
初版日期　2021 年 11 月

原著作名：【扛住就是本事】
作者：馮侖
本書由北京磨鐵文化集團股份有限公司授權出版，限在港澳臺地區發行，非經書面同意，不得以任何形式任意複製、轉載。

國家圖書館出版品預行編目（CIP）資料

扛住就是本事：未來，懂得「扛事」才能不斷突破，跟上世界腳步，在不穩定中安身立命 / 馮侖著 . -- 初版 . -- 臺北市：高寶國際出版：高寶國際發行，2021.11
面；　公分 .--（致富館；RI 350）

ISBN 978-986-506-267-5（平裝）

1. 企業管理　2. 企業經營　3. 創業

494　　110016845

GOBOOKS
& SITAK
GROUP ©